Wirtschaftlichkeit in technischen Betrieben

insbesondere der Kraftanlagen

Von

Dr. Fritz Schmidt
Privatdozent an der Technischen Hochschule Berlin

Mit 16 Abbildungen im Text

Berlin und Leipzig 1921
Vereinigung wissenschaftlicher Verleger
Walter de Gruyter & Co.
vormals G. J. Göschen'sche Verlagshandlung :: J. Guttentag, Verlagsbuchhandlung :: Georg Reimer :: Karl J. Trübner :: Veit & Comp.

Druck von Metzger & Wittig in Leipzig.

Inhaltsverzeichnis.

Seite

Einleitung 1

1. Menschliche Arbeitskräfte 4

2. Betriebsstoffe 8

a) Brennstoffe 9

b) Wasser 22

3. Wärmekraftmaschinen

A. Dampfmaschinen 24

B. Verbrennungskraftmaschinen 45

a) Verpuffungsmaschinen 46

b) Gleichdruckmaschinen 56

4. Sonstige Maschinen 61

5. Schmier- und Putzmittel 62

Schlußwort 70

Anhang (Tagebuch) 78

Vorwort.

Das von mir in der vorliegenden Arbeit behandelte Gebiet hat gerade in der letzten Zeit für die deutsche Industrie wie auch für den Wiederaufbau Deutschlands eine erhöhte Bedeutung erhalten. Ich entschloß mich daher, die in ihren Grundzügen bereits vor dem Kriege niedergelegte und besonderer Verhältnisse wegen der Öffentlichkeit bisher vorenthaltene Arbeit nunmehr zum Abdruck zu bringen.

Möge ihr Zweck, ein Beitrag zur Durchführung einer wissenschaftlichen Betriebstechnik zu sein, in Erfüllung gehen.

Berlin, im Oktober 1920.

Dr. Fritz Schmidt.

Einleitung.

Wirtschaftlich arbeitet ein technischer Betrieb dann, wenn bei einem sinngemäßen Ausnutzen der vorhandenen Kräfte und Maschinen aus einem möglichst kleinen Aufwande an Energie eine größtmögliche Leistungsfähigkeit herausgeholt wird, der wirtschaftliche Erfolg bei einem Mindestaufwande an Kraft, Zeit und Geld also der denkbar größte ist.

Eine wirtschaftliche Betriebstechnik beruht nicht nur auf einer weit verzweigten und tief eingreifenden, bis in die letzten Äderchen eines Betriebes reichenden Ordnung aller Betriebseinzelheiten, bei der jedes Glied bestimmte Aufgaben zu erfüllen hat, sondern vor allem auch auf einer Vereinfachung und richtigen Ausnutzung aller für die Regelung der Arbeitsvorgänge erforderlichen Hilfsmittel, so daß statt eines willkürlichen und ungeordneten Arbeitens ein planmäßiges Ineinandergreifen aller Teile stets unter Berücksichtigung des wirtschaftlichen Grundgedankens erzielt wird.

Die Hauptbedingung für ein solches Arbeitsverfahren ist in jedem wirtschaftlichen Betriebe eine streng geregelte Einrichtung auf wissenschaftlicher Grundlage. Unter einer solchen geregelten, vom Geiste der Wissenschaft getragenen Betriebseinrichtung hat man eine Ordnung und Unterordnung, eine Zusammenfassung und Ausgestaltung von Betriebseinheiten unter Vermeidung jedes überflüssig Erscheinenden und ein in jeder Beziehung richtiges, d. h. wirtschaftliches Ausnutzen der Betriebsmittel zu verstehen, so daß eine logisch geschlossene, eine Zersplitterung und Vergeudung an Kräften vermeidende Betriebseinheit entsteht. Denn es ist klar, daß ein geregelter, wissenschaftlich arbeitender einheitlicher Betrieb mit sparsam arbeitenden, sachgemäß bedienten Maschinen und richtiger Ausnutzung der verfügbaren Kräfte bei Vermeidung jeder Zeitverschwendung stets weit mehr zu leisten vermag und daher auch wettbewerbsfähiger ist, als es bei einem ungeordnet arbeitenden, mit kraftverschwendenden maschinellen Anlagen ausgerüsteten Betriebe der Fall ist.

Eine wissenschaftliche, vernunftgemäße Betriebseinteilung ist nun aber nicht bloß eine Anordnung eines Betriebes nach bestimmten Grundsätzen und Richtlinien, an denen im allgemeinen nichts geändert werden darf. Es muß vielmehr bei den verschiedenen Betriebseinzelheiten stets ein gewisses Maß von Freiheit im Handeln bleiben, damit den jeweiligen, sich ändernden Betriebsschwierigkeiten und den steten Fortschritten der Technik im Interesse der Zweckmäßigkeit und der besseren Wirtschaftlichkeit jederzeit Rechnung getragen werden kann. Auf keinen Fall darf aber die Kette der planmäßigen Tätigkeiten und das richtige Arbeiten der Maschinen eine längere Unterbrechung erfahren.

Die wissenschaftliche Betriebsordnung, die alle unsere technischen Betriebe beseelen sollte, ist eine Vereinigung von richtiger Sach- und Personeneinteilung, von denen die eine von ebenso großem Werte ist wie die andere. Denn für die wirtschaftlichen Fragen eines jeden Betriebes darf das Gesetz der Wirtschaftlichkeit nicht nur auf die Regelung der Arbeitsvorgänge und auf die maschinellen Einrichtungen beschränkt bleiben, sondern es muß auch in bezug auf die richtige Verwertung menschlicher Arbeitskräfte — auf die wirtschaftliche Menschenausnutzung — sinngemäß Anwendung finden.

Bevor auf diese Fragen näher eingegangen werden kann, ist es notwendig, zunächst festzustellen, welches die einzelnen Punkte sind, die einen maßgebenden Einfluß auf die Wirtschaftlichkeit eines Betriebes haben können. Es sind dies hauptsächlich folgende:

1. menschliche Arbeitskräfte,
2. Betriebsstoffe (Brennstoffe, Wasser),
3. maschinelle Anlagen,
4. Schmier- und Putzmittel.

Zu den durch diese 4 Punkte hervorgerufenen unmittelbaren Betriebsausgaben gesellen sich allerdings noch mittelbare wie Verzinsung, Abschreibung bzw. Erneuerung der maschinellen und sonstigen Anlagen, sowie Steuern, Feuerversicherung u. a. m., doch spielen diese Ausgaben bei der Frage der Wirtschaftlichkeit technischer Betriebe keine ausschlaggebende Rolle, weil sie, obwohl nach Art und Leistung der Unternehmungen verschieden — im allgemeinen vermindern sich diese auf die Leistungseinheit bezogenen Kosten mit wachsender Größe der betreffenden Anlage —, für ein und denselben Betrieb nahezu gleich bleiben. Die unmittelbaren Betriebsausgaben dagegen sind in einem Unternehmen innerhalb ziemlich weiter Grenzen sehr beweglich. Sie können in einem ungeregelten Betriebe mit ungeeignetem Arbeitspersonal und unwirtschaftlich arbeitenden Maschinen so hoch getrieben werden, daß nicht nur die Wirtschaftlichkeit und damit die Wettbewerbsfähigkeit, sondern sogar die Lebensfähigkeit eines Unternehmens in Frage gestellt werden kann. Andererseits können durch ein vernunftgemäßes, wirtschaftliches Ausnutzen der unmittelbaren Betriebsfaktoren die höchsten wirtschaftlichen Betriebsergebnisse erzielt werden.

Um die unmittelbaren Betriebsausgaben bei größtmöglichster Leistungsfähigkeit auf ein Mindestmaß zu bringen und — was von größter Wichtigkeit ist — sie ständig auf dieser geringen Höhe zu erhalten, bedarf es also einer nach jeder Richtung hin bis ins kleinste reichenden Betriebsregelung und zwar um so mehr, je größer der Betrieb ist. Bei kleineren Betrieben kann die Betriebsregelung einfachere Formen haben, weil diese Betriebe im allgemeinen mit geringeren Widerständen arbeiten und sich leichter übersehen lassen. Eine wissenschaftliche Betriebsordnung ist aber auch bei ihnen geboten, zumal die deutsche Industrie in der Nachkriegzeit in allen ihren Zweigen mit ganz besonders großen Schwierigkeiten zu rechnen hat, und eine Herabminderung der Lohnsätze, der Kosten für Betriebsstoffe und Betriebsmittel jeglicher Art sowie der sonstigen Unkosten vorerst nicht zu erwarten ist.

1. Menschliche Arbeitskräfte.

Bei einer solchen Regelung des ersten wichtigen Betriebsfaktors, des arbeitenden Menschen, handelt es sich um eine wissenschaftliche, planmäßige Einteilung menschlichen Arbeitsvermögens. Denn nicht nur rein gedankliche Überlegung, sondern auch praktische Erfahrung lehren es tagtäglich, daß die Betriebe mit vernunftgemäßer Ausnutzung der menschlichen Arbeitskräfte, die einen bedeutenden Wirtschaftswert darstellen, leistungsfähiger sind und ein größeres wirtschaftliches Ergebnis haben, als jene ohne diese methodische Einteilung menschlichen Arbeitsvermögens.

Unter einer solchen vernunftgemäßen Ausnutzung der Leistungsfähigkeit menschlicher Arbeitskräfte in einem geordneten Betriebe hat man ein Arbeitsverfahren zu verstehen, bei dem jeder Teil dasjenige leistet, wozu er veranlagt ist, und was er versteht. Durch ein solches, der Persönlichkeit angepaßtes Verfahren wird die Leistungsfähigkeit des Einzelnen nicht unwesentlich gesteigert und eine Ersparnis an menschlicher Arbeitskraft erzielt. Eine Grundbedingung hierfür ist eine weitausgebildete Zergliederung jeglicher Arbeitsvorgänge in die verschiedenen Einzelvorrichtungen, damit jedes überflüssig Erscheinende — sei es in einem rein erzeugenden (Werkstatt-) oder in einem mehr verwaltenden Betriebe (Kraftwerk) — von vornherein vermieden wird, und die Arbeitsvorgänge nach jeder Richtung hin eine möglichst große Vereinfachung erfahren können. Durch eine solche Verminderung innerer Arbeitswiderstände und durch ein der Persönlichkeit angepaßtes Arbeitsverfahren kann die Arbeitszeit und der Aufwand von menschlichen Kräften auf ein Mindestmaß gebracht werden, wie es bei gleichen Leistungen bei dem veralteten, zweckwidrigen Aufsgeratewohl-Arbeitsverfahren mit seiner Verschwendung an menschlicher Energie nie erreicht werden kann.

Wie wichtig es ist, für bestimmte Verrichtungen stets nur solche Arbeitskräfte zu verwenden, die dazu nach ihrer Veranlagung und Befähigung in jeder Beziehung geeignet sind, lehren u. a. die vielen Betriebe, in denen zur Bedienung und Überwachung maschineller Anlagen ungelernte, jeder eingehenden Sachkenntnis entbehrende Arbeitskräfte verwendet werden, und deren Betriebsergebnisse wesentlich gesteigert werden könnten, wenn die Anlagen geschulten und auskömmlich entlohnten Fachleuten anvertraut würden, die nicht nur ein richtiges Arbeiten der Anlage ohne Gefährdung der Betriebssicherheit gewährleisten, sondern auch Betriebsfehler sofort erkennen und sie schnellstens zu beseitigen wissen. Und nicht nur unnötige, oft sehr erhebliche Kosten verursachende Ausbesserungen und Betriebsstörungen können durch ein ungeeignetes, jeder Verantwortlichkeit baren Betriebspersonal herbeigeführt werden, es können auch eine Verkürzung der Lebensdauer der Anlage und somit größere wirtschaftliche Betriebsverluste die Folge sein. Je sorgfältiger die Wartung einer Anlage ist, um so geringer sind die Ausbesserungen, um so kleiner die Instandhaltungskosten. Außerdem ist nicht zu vergessen, daß die Größe des wirtschaftlichen Wirkungsgrades jeder maschineller Anlage hauptsächlich auch von der Sachkenntnis und Aufmerksamkeit des Bedienungspersonals abhängt. Bei Dampfkraftanlagen z. B. wird sowohl der Dampfverbrauch als auch der Dampfpreis von der Güte der Wartung in sehr erheblichem Maße beeinflußt. Welche Energiemengen und damit welches Volksvermögen können durch unsachgemäße Bedienung der Feuerung einer Kesselanlage vergeudet werden! Welche Summe Geldes wird durch eine überreichliche Schmierung der Maschinen verschwendet!

Wie groß der Unterschied in der Leistung zweier unter vollkommen gleichen Verhältnissen arbeitenden Kesselanlagen bei verschieden guter Bedienung sein kann, zeigt folgendes Beispiel.*)

Der eine Kessel wurde durch einen vom Dampfkesselüberwachungsverein ausgebildeten Heizer, der andere von dem Heizer des betreffenden Werkes 10 Stunden lang bedient, wobei folgende Ergebnisse erzielt wurden:

*) „Glückauf" 1906.

	Kessel I Vereinsheizer	Kessel II Werkheizer
Dampfspannung in kg/qcm Überdruck	7,3	7,3
Speisewassertemperatur vor dem Vorwärmer in ° C	48	47
Speisewassertemperatur hinter dem Vorwärmer in ° C	73	71
Speisewassermenge in kg	24 711	19 810
Stündliche Dampfmenge in kg. . .	2 342,9	1 882,1
Stündliche Kohlenmenge in kg . .	287,9	294,8
Aus 1 kg Kohle gewonnene WE . .	5 183	4 067
In 1 kg Kohle enthaltene WE. . .	7 754	7 754
Rückstände insgesamt in kg . . .	316	334
Temperatur der Rauchgase im Fuchs in ° C	243	195
Temperatur im Kesselhaus in ° C .	27	27
Leistung von 1 qm Heizfläche und Stunde an Dampf von 637 WE in kg	23,4	18,8
Leistung von 1 qm Rostfläche und Stunde in kg	85,7	87,7
Wirkungsgrad des Kessels	66,8	52,5
Verlust durch Unverbranntes in den Rückständen	6,9	7,7
Verlust durch Leitung, Strahlung, durch unverbrannte Gase u. a. . .	26,3	39,8

Bei einer Dreizylinder-Dampfmaschine von 270 PSn mit einem Zylinderölverbrauch von 1,3 gr und einem Verbrauch an Maschinenöl von 3,5 gr für die PSn-st wurden nach Z. d. V. d. I. 1918 S. 173 lediglich durch eine sorgfältigere Schmierung ohne große Schwierigkeit und ohne Beeinträchtigung der Betriebssicherheit die Schmierölkosten von 0,61 Pf auf 0,22 Pf für die PSn-st gebracht, was einer Schmierölersparnis von 60 v. H. entspricht und eine jährliche Kostenersparnis bei 300 Betriebstagen zu je 22 Stunden von

$$(0{,}61 - 0{,}22)\ 270 \cdot 300 \cdot 22 = 694980\ \text{Pf} = 6949{,}80\ \text{M}$$

bedeutet.

Am meisten ausgeprägt ist die planmäßige Einteilung menschlicher Arbeitskräfte noch in rein erzeugenden (Werkstatt-) Betrieben, in denen für die Regelung und Vereinfachung der Arbeitsvorgänge die Zeit und Geld ersparenden Werkzeuge und Werkzeugmaschinen bereits in ausgiebigster Weise Anwendung gefunden haben. Diese schon mit größter Sorgfalt arbeitenden technischen Hilfsmittel, die in den letzten Jahren eine geradezu hervorragende Entwicklung genommen haben, befreien nicht nur den Menschen immer mehr von der mechanischen Arbeit, sondern sie gestatten auch eine genauere und schnellere und somit auch eine weit billigere Herstellungsmöglichkeit, als es die reine Handarbeit mit ihrer Aufopferung an größerer Menschenenergie zuläßt. Es sei nur auf die gewichtige Verwendung der Hobel-, Dreh-, Fräs-, Schneid- und Stanzmaschinen in der Eisenindustrie, auf die außerordertlich leistungsfähigen Schnellarbeitsstähle mit ihren hohen Schnittgeschwindigkeiten und Spanleistungen hingewiesen. Um aber auch hier neben guten technischen auch gute wirtschaftliche Betriebsergebnisse zu bekommen, ist es unbedingt notwendig, in jedem Falle nur eine sachgemäße und fachmännische Bedienung zu verwenden, denn nicht selten werden hierbei an die Intelligenz der betreffenden Arbeitskräfte hohe Anforderungen gestellt.

Zum Zwecke der Steigerung menschlicher Arbeitsleistung und zur Erzielung einer größtmöglichen Gesamtleistungsfähigkeit und eines hohen wirtschaftlichen Ergebnisses ist also in jeglichem Betriebe eine planmäßig geordnete Anwendung menschlicher Arbeitskräfte erforderlich. Eine solche vernunftgemäße Einteilung der Arbeitskräfte trägt außerdem wesentlich dazu bei, daß ein Raubbau an der menschlichen Arbeitsfähigkeit und Gesundheit, eine unwürdige Ausbeutung menschlicher Energie — die jedoch mit einer sinngemäßen Ausnutzung nicht zu verwechseln ist — immer mehr verhindert wird.

Daß eine solche planmäßige Regelung menschlicher Arbeitskräfte zu einer technisch und wirtschaftlich wirkungsfähigen Gesamtheit stets unter Berücksichtigung sozialer Gesichtspunkte wie Wahrung der Arbeiterschutzgesetze und Arbeiter-Versicherung zu erfolgen hat, steht außer Frage.

Es ist ohne weiteres einleuchtend, daß eine solche Regelung menschlicher Arbeitskräfte, des kostbarsten, als Wirtschaftsgut nicht genug zu würdigenden Betriebsmittels, keine leichte Aufgabe ist, und daß hierzu neben einer genauen Sachkenntnis planmäßige Versuche und umfangreiche Forschungen unter steter Berücksichtigung wissenschaftlicher Grundsätze und praktischer Erfahrungen erforderlich sind.

Mit der Frage der unmittelbaren Hebung der Leistung des Arbeiters hat sich der Amerikaner Taylor eingehend beschäftigt. Er geht dabei von der Tatsache aus, daß es für jede Arbeit ganz bestimmte Bewegungen gibt, mit denen sie am besten und schnellsten zur Ausführung gebracht werden kann. Neben der genauen Untersuchung jedes einzelnen Arbeitsvorganges und des in Betracht kommenden Handgriffes prüft er jede Bewegung des Arbeiters, um bei einem kürzesten Wege mit einem geringsten Aufwand an Zeit und Kraft auszukommen und auf diese Weise mit möglichst wenig Energie möglichst viel zu leisten. Auf Grund dieser Erhebung gibt er dann dem für eine bestimmte Arbeit besonders befähigten Arbeiter eine genau vorgeschriebene Anleitung, nach der er die einzelnen körperlichen Verrichtungen nacheinander vorzunehmen hat.

Obwohl diesem Verfahren deshalb schon nicht in allen Punkten zugestimmt werden kann, weil eine geistige Überlegung des Arbeiters bei seiner Arbeit vollkommen ausgeschaltet wird, und weil es auch nicht ohne weiteres auf alle Arten von Arbeiten Anwendung finden kann, so zeigt es doch einen Weg, wie die menschlichen Arbeitskräfte zur Erzielung einer größtmöglichen Leistungsfähigkeit des Arbeiters besser ausgenutzt werden können.

Der energetische Imperativ des Leipziger Chemikers Wilhelm Ostwald: „Vergeude keine Energie, verwerte sie“ sollte auch bei der Verwendung von menschlichem Arbeitsvermögen stets seine volle Bedeutung haben.

---

2. Betriebsstoffe.

Nicht minder wichtig für die Frage der Erreichung einer möglichst hohen Gesamtleistung bei kleinstem Kosten- und Energieaufwande in einem Betriebe ist neben einer vernunftgemäßen Steigerung des menschlichen Arbeitsvermögens die zweckmäßigste und wirtschaftlichste Ausnutzung der Betriebsstoffe in den maschinellen Anlagen und das richtige und vor allem wirtschaftliche Arbeiten der Maschinen. Eine wissenschaftliche Regelung auf diesen Gebieten hat heutzutage noch nicht in allen Betrieben die Würdigung gefunden, die sie im Interesse der besseren Wirtschaftlichkeit verdient.

a) Brennstoffe.

In den bisher verbreitetsten Kraftquellen, den Dampfkesseln, wird durch Verwendung von Brennstoff und Wasser eine Betriebskraft für Wärmekraftmaschinen in Form von Wasserdampf erzeugt, und es ist nun von höchster wirtschaftlicher Bedeutung, die Dampfkosten, d. h. die aus dem für die Herstellung von 1 kg Wasserdampf von bestimmter Beschaffenheit notwendigen Brennstoffverbrauch sich ergebenden Unkosten, auf ein Mindestmaß zu bringen und vor allem auf dieser geringen Höhe ständig zu erhalten. Um dieses zu erreichen, bedarf es einer eingreifenden Regelung des Kesselbetriebes.

In erster Linie ist es von Wichtigkeit, stets dafür Sorge zu tragen, daß der den Kessel verlassende Dampf möglichst immer den gewünschten gleichbleibenden Zustand hat — den richtigen Dampfdruck (wenn möglich unter Einschaltung eines einwandfrei arbeitenden Dampfdruckreglers) und gegebenenfalls den richtigen Grad der Überhitzung —, was ja in der Praxis nie genau eingehalten werden kann, wonach aber stets gestrebt werden muß. Durch ein eingeschaltetes, selbst aufschreibendes Manometer können die Schwankungen in der Dampfspannung zum Zwecke einer nachträglichen Prüfung — vor allem auch über die Achtsamkeit des Bedienungspersonals — zeichnerisch festgelegt werden. Nicht nur, daß ein zu hoher Dampfdruck für den gegebenen Fall unnötig und unzweckmäßig ist, er gibt auch Veranlassung, daß ein Teil des erzeugten Dampfes über das Sicherheitsventil unausgenutzt ins Freie auspufft und somit einen Energie- und damit einen wirtschaftlichen Verlust zur Folge hat. Bei einem nur zeitweise geführten Betriebe ist es ganz besonders wichtig, die Dampferzeugung dem Bedarf nach Möglichkeit anzupassen. Vor allem sollte stets vermieden werden, übererzeugten Dampf in die Außenluft oder unmittelbar in den Kondensator strömen zu lassen. Es sollte vielmehr stets möglich gemacht werden, den Dampfüberschuß entweder in einem besonderen Wärmespeicher aufzufangen, um von hier aus noch irgendeine Wärmekraftmaschine (Niederdruckturbine) antreiben zu können, oder ihn für Koch-, Heiz- oder andere Zwecke (Anwärmen des Speisewassers) noch auszunutzen.

Vernachlässigt wird in der Praxis sehr oft, auf die für die

bestimmte Feuerungsanlage eines Dampfkessels erforderliche Beschaffenheit des Brennstoffes zu achten, denn die sogenannte stündliche Rostbeanspruchung — die auf 1 qm Rostfläche in einer Stunde zu verbrennende Brennstoffmenge — richtet sich bekanntlich nicht nur nach der Menge der zugeführten Luft, sondern hauptsächlich auch nach der Brennstoffart (den Verbrennungseigenschaften) und der vorhandenen Rostanlage. So schwankt zum Beispiel die sogenannte Brennstoffgeschwindigkeit allein bei Steinkohle etwa zwischen 60 bis 120 kg je qm, bei Braunkohlebriketts zwischen 100 und 150 kg je qm und bei erdiger Braunkohle sogar zwischen 200 bis 300 kg je qm in der Stunde bei natürlichem Schornsteinzug.

Für ein gutes Ergebnis einer Kesselfeuerung ist neben dem Heizwert des Brennstoffes auch der Grad des Aschen- und Wassergehaltes, des Gasreichtums, der Schlackenbildung und des Backens maßgebend. Es ist daher ohne entsprechende Umänderung der Feuerungsanlage nicht angängig, von hochwertiger Kohle auf billige und minderwertige derselben Brennstoffart überzugehen, oder bei einem vorher mit Steinkohle beheizten Kessel Braunkohle oder andere Brennstoffarten zu verwenden. Und nicht nur von den hochwertigen und teuren, sondern auch von den heute mehr denn je zur Verfeurung kommenden minderwertigen Brennstoffen wie erdige Braunkohle, Torf, Koksgrus, Kohlengrus u. a. verlangt die neuzeitliche Wärmewirtschaft, daß sie so günstig wie möglich, d. h. mit einem geringsten Luftüberschuß vollkommen verbrannt werden. Denn je geringer der Luftüberschuß ist, um so höher ist die Anfangstemperatur der Heizgase und je höher diese Temperatur ist, um so größer ist wieder das ausnutzbare Temperaturgefälle und damit die technische Ausnutzbarkeit der in den Heizgasen enthaltenen Wärme. Eine möglichst hohe Anfangstemperatur der bei der Verbrennung entstehenden Heizgase bietet also wesentliche wirtschaftliche Vorteile; sie sollte daher mehr als bisher beachtet werden. Nur bei einer geeigneten, sachgemäß gebauten Rostanlage von bestimmter Größe und einem bestimmten Verhältnis der freien zur gesamten Rostfläche, die im allgemeinen zwischen 1:3 bis 1:5 schwankt, läßt sich ein Brennstoff wirtschaftlich verfeuern. Stark schlackende Kohle erfordert beispielsweise eine größere Rostfläche als leichtere Kohle. Da Rostanlagen aus Vorsicht wegen stark schlackender Kohle nicht selten überreichlich groß bemessen werden, so muß bei Verfeuerung leichterer Kohle der Rost dementsprechend teilweise abgedeckt werden. Gasreichere Brennstoffe werden zweckmäßig nur in Unterfeuerung mit Oberluftzuführung, kurzflammige, gasreiche Kohle in Innenfeuerung mit Oberluft, minderwertige, gasarme Kohle dagegen stets mit Unterwind oder Saugzug zur Verbrennung gebracht; Torf, Holz, Späne und dergleichen werden am besten auf Treppen- oder Schrägrosten mit geeigneter Neigung, Rohbraunkohle auf Treppenrost — Vor- oder Unterfeuerung oder in Muldenfeuerung verheizt.

Für ein einwandfreies Arbeiten der Feuerung ist es demnach von großer Bedeutung, die Charakteristik des Brennstoffes — seine Elementarzusammensetzung, seinen Gehalt an Wasser und mineralischen Bestandteilen und auch sein Verhalten auf dem Roste — zu kennen und diese Charakteristik durch Untersuchungen (chemische Analysen), die in regelmäßiger Zeitfolge vorzunehmen sind, festzustellen. Ein vollkommen idealer Brennstoff dürfte nur aus Kohlenstoff, Wasserstoff und Sauerstoff bestehen und zu Kohlendioxyd verbrennen. Da aber die Brennstoffe mehr oder weniger Unreinlichkeiten und unverbrennbare Bestandteile haben, so bleiben bei der Verbrennung stets feste Rückstände zurück (Schlacke, Asche), und ferner findet infolge einer unvollkommenen Berührung des Brennstoffes mit dem Sauerstoff eine teilweise unvollkommene Verbrennung zu Kohlenoxydgas statt. Außerdem bilden sich als Verbrennungserzeugnisse auch noch mehr oder minder schwere Kohlenwasserstoffe. Hinsichtlich der für die Frage der Wirtschaftlichkeit eines Kesselbetriebes wichtigen guten Ausnutzung eines Brennstoffes ist es also von Bedeutung, die Brennstoffcharakteristik und damit den wirtschaftlichen Wert des Brennstoffes zu kennen und ihn von Zeit zu Zeit zu prüfen. Bei Steinkohle liegt z. B. ein großer Unterschied in der Verwendung von hochwertigem, tiefschwarz glänzendem, teurem und von billigem, minderwertigem Brennstoff, weil die verbrauchten Mengen beider Arten, die sogar aus ein und derselben Grube stammen können, oft in gar keinem Verhältnis stehen. Denn, ist ein minderwertiger, schlacken- und aschenreicher Brennstoff auch billiger, so sind doch die betreffenden Unkosten (Beförderung, Anfuhr- und Lagerkosten, Arbeit des Bedienungspersonals, Arbeitsvermehrung durch Beseitigung einer größeren Menge von Schlacken und Asche u. a. m.), weil er weniger verbrennliche Masse hat und daher eine geringere Wärmeausnutzung zuläßt, bei gleicher Leistung also mehr von ihm verfeuert werden muß, besonders in der heutigen Zeit oft unverhältnismäßig höher. Andererseits kann eine an sich hochwertige, aber mehr schlackenbildende Kohle als eine solche von geringerem Heizwert durch einen zu großen, durch häufigeres Öffnen der Feuertür hervorgerufenen Luftüberschuß, der eine Erniedrigung der Anfangstemperatur der Rauchgase und damit eine Verschlechterung der thermischen Energie zur Folge hat, eine geringere Verdampfungsziffer ergeben.

In welcher Weise die Kesselleistung bei zwei Kohlensorten von etwa gleichem Heizwert aber ungleichem Schlackengehalt, die auf derselben Rostanlage eines Kessels verbrannt wurden, beeinflußt werden kann, zeigt folgender Verdampfungsversuch*).

Der Kessel hatte eine Heizfläche von 400 qm und eine Rostfläche von 12,35 qm, die Fläche des Überhitzers betrug 110 qm.

	Kohlensorte I	Kohlensorte II	
Dauer des Versuches	480	420	Min.
Stündliche Speisewassermenge je qm Heizfläche	20,34	12,66	l
Stündlicher Kohleverbrauch je qm Rostfläche	98,8	95,0	kg
Mittlerer Dampfdruck	11,0	11,0	Atm.
Mittlere Dampftemperatur	335	313	°C
Gehalt der Abgase an CO_2	10	7,2	v. H.
Mittlere Zugstärke vor dem Rauchschieber	14,5	15,0	mm WS
Heizwert der Kohle	6298	5676	WE
Herdrückstände	8,17	32,0	v. H.
Kesselwirkungsgrad	76,5	54,0	v. H.
Preis für 1000 kg Kohle	11,80	9,70	ℳ
Kohlekosten für 1000 kg Dampf . .	1,75	2,27	ℳ

Obwohl also der Preis für 1 Tonne Brennstoff bei der minderwertigeren Kohlensorte II um 2,10 ℳ geringer war, kosteten die Erzeugung von 1000 kg Dampf 0,52 ℳ mehr als bei der Kohlensorte I. Zudem erforderte die schlackenreichere Kohlen-

*) „Glückauf" 1910.

sorte II wegen häufigeren Putzens und Abschlackens des Feuers eine größere Arbeit des Bedienungspersonals.

Die Wahl der Brennstoffsorte sollte sich daher lediglich nach dem Dampfpreis, das heißt nach den auf die Erzeugung von 1 kg Dampf kommenden Brennstoffkosten, in denen auch die Kosten für Fracht, Anfuhr, Abladen, Lagerung und für die Rückstandsentfernung enthalten sind, richten. Für den reinen Brennstoffpreis wäre es aus wirtschaftlichen Gründen am besten, den Preis nicht nur nach Menge und Gewicht, sondern auch nach dem Gehalt an „Kernsubstanz“ (Kohlenstoff- und disponiblem Wasserstoffgehalt) sowie vor allem nach den im Brennstoff enthaltenen Wärmeeinheiten festzulegen, weil der Heizwert, der fast nur von dem Kohlenstoffgehalt abhängt (gute Kohle hat etwa 85 v. H. Kohlenstoff) bei Verwendung des Brennstoffes für Feuerungszwecke hauptsächlich den wirtschaftlichen Wert bestimmt. Und dieser Heizwert, der bei ein und derselben Brennstoffart innerhalb ziemlich weiter Grenzen liegt, müßte durch in bestimmten Zeitabschnitten vorzunehmende Untersuchungen geprüft werden, damit bei größeren Schwankungen der Brennstoffpreis danach verbessert werden kann.

Wichtig ist für einen wirtschaftlichen Kesselbetrieb neben der vernunftgemäßen Verbrennung des gegebenen Brennstoffes in der Feuerungsanlage bei möglichst hoher Anfangstemperatur auch die Zurückgewinnung von Koks aus den Verbrennungsrückständen und vor allem die gute wärmetechnische Ausnutzung der erzeugten Heizgase. Gerade hierin wird namentlich in kleineren gewerblichen Betrieben vielfach noch sehr gesündigt, und bei manchen Anlagen werden geradezu Vermögen vergeudet. Besonders hervorzuheben ist hierbei, daß es im Interesse einer guten Wärmewirtschaft liegt, die Leistung eines Kessels tunlichst immer normal zu halten und sie nicht durch Erhöhung des Brennvorganges zu steigern. Durch Vermehrung des stündlichen Brennstoffverbrauches und der Verbrennungsluft entsteht wohl eine größere Menge Heizgase, da die Heizgase aber eine größere Geschwindigkeit in den Heizzügen haben, so können sie bei der gegebenen Heizfläche ihre Wärme nicht praktisch erschöpfend an das Kesselspeisewasser abgeben, d. h. die Ausnutzung ihres Temperaturgefälles bzw. ihres Wärmeinhaltes ist — weil sie mit einer hohen Temperatur in den Schornstein entweichen — eine unvollkommene, was eine Verschlechterung des Kesselwirkungsgrades zur Folge hat. Bei schlechten oder stark angestrengten Kesseln können die abziehenden Rauchgase, die eine Temperatur von etwa 250° C nicht überschreiten sollen, eine Wärmemenge bis zu 40 v. H. des Brennstoffheizwertes haben. Zudem äußert sich eine hohe Kesselleistung nicht nur in einem schlechteren Wirkungsgrad, sondern auch in einem starken Schwanken der Dampfspannung, sowie in einer ungünstigen Beanspruchung der Kesselbleche. Die Instandhaltungskosten werden namentlich bei Verwendung von geringwertigen Brennstoffen dadurch nicht unwesentlich erhöht.

Die Größe einer jeden Kesselanlage soll stets in richtigem Verhältnis zu der geforderten Dampfmenge stehen, und man sollte bei einem Mehrbedarf an Dampf sich nicht vor einer Erweiterung der Kesselanlage scheuen.

Die sachgemäß geleitete Überwachung einer Kesselanlage hat sich hauptsächlich auf die richtige Belastung der Rost- und Heizfläche (auf die Bedienung und die Beschaffenheit des Rostes auf den richtigen Wasserstand im Kessel, die richtige Beschaffenheit des erzeugten Dampfes), sowie auch auf die auftretenden Wärmeverluste zu erstrecken. Die Höhe der Brennstoffschicht muß zur Zugstärke der jeweiligen Kesselleistung entsprechend stets das richtige Verhältnis haben, d. h. bei größeren Leistungen muß im allgemeinen sowohl die Zugstärke wie auch die Schichthöhe gleichzeitig vergrößert werden, bei zeitweiliger Einschränkung des Betriebes dagegen muß nicht nur die Schichthöhe und die Zugstärke verkleinert werden, sondern es muß auch, wenn die Schichthöhe zu niedrig geworden ist, die Rostanlage teilweise abgedeckt werden, weil sonst bei einem unregelmäßigen Abbrennen der Kohle Teile des Rostes frei werden, durch die kalte, überschüssige, die Anfangstemperatur der Heizgase herabsetzende Luft eintreten kann. Bei Kesseln mit mehreren Feuerungen sollten die einzelnen Rostanlagen nicht, wie es häufig der Fall ist, unmittelbar hintereinander abgeschlackt und mit Kohle beschickt werden, um nicht kalte Luft in allen Feuerunganlagen fast zu gleicher Zeit gelangen zu lassen, sondern es sollte stets nach Beschickung der einen Rostanlage eines Kessels erst die entsprechende Feuerung des zweiten Kessels bedient werden und erst dann, wenn der Brennstoff auf dem ersten Roste gut durchgebrannt ist, sollte das Aufschütten der anderen Rostanlage vorgenommen werden. Denn die neu aufgebrachte Brennstoffschicht, die im übrigen im Vergleich zu der auf der Rostanlage befindlichen nicht zu groß sein darf, und zwar muß sie um so kleiner sein, je gasreicher die Kohle ist (im allgemeinen etwa im Verhältnis 1 : 8), muß zunächst durch die darunter liegende Schicht auf eine Temperatur gebracht werden, in der eine Verbindung des Brennstoffes mit dem Sauerstoff der Luft stattfindet.

Im Interesse eines geregelten wirtschaftlichen Kesselbetriebes und zur Erreichung eines möglichst geringen Dampfpreises ist es ratsam, von der Achtsamkeit bzw. Unaufmerksamkeit des Bedienungspersonales möglichst unabhängig zu sein und in weitgehendstem Maße für die Bedienung und Betriebskontrolle der Anlage selbsttätige Vorrichtungen anzuordnen, zumal durch solche Maßnahmen trotz gesteigerter Leistung das Bedienungspersonal entlastet bzw. an Personal und daher auch an laufenden Betriebskosten gespart werden kann, und fortlaufende Aufzeichnungen der Registrierapparate ein wahrheitsgetreues Betriebsbild der jeweiligen Arbeitsweise der Anlage ergeben. Da diese zeichnerischen Darstellungen jederzeit Nachprüfungen des Betriebes in jedem Zeitabschnitt gestatten, so kann durch sie unter anderem leicht festgestellt werden, ob die Anlage stets richtig bedient und ordnungsgemäß instand gehalten worden ist, so daß sie gleichzeitig auch erzieherisch auf das Bedienungspersonal wirken.

Für die Feuerungsanlage kommen hauptsächlich in Frage:

1. Brennstoffmeßvorrichtungen,
2. selbsttätige Rostbeschickungseinrichtungen,
3. Rauchgasanalysatoren,
4. Meßeinrichtungen für die Temperatur der Abgase und des Zuges im Schornstein,
5. selbsttätige Zugregelung.

Die Brennstoffmeßvorrichtungen sollen feststellen, wieviel Brennstoff in der Zeiteinheit der Feuerungsanlage zugeführt wird (z. B. durch aufeinanderfolgende selbsttätige Wägungen mittels selbstregistrierender Wagen), und ferner sollen sie den Verbrauch zeichnerisch festlegen, um an Hand dieser Aufzeichnungen zu jedem Zeitpunkt ein Betriebsbild über die aufgewendete Brennstoffmenge zu geben, damit der Bedarf beaufsichtigt und bei plötzlichem Mehrverbrauch sofort nach der Ursache geforscht werden kann.

Durch die selbsttätigen Rostbeschickungseinrichtungen wird eine nicht unwesentliche Ersparnis an Menschenkraft und auch an laufenden Bedienungskosten ermöglichst, und zwar namentlich bei größeren Dampfkraftanlagen, wenn es sich um die Bedienung mehrerer Kessel handelt. Es wird nicht nur die selbsttätige Beschickung des Rostes und durch gleichmäßiges Aufschütten z. B. vermittels feinstufiger Wurfapparate oder durch Unterschubfeuerungen der Brennstoffverbrauch in strenger Zeitfolge der Kesselleistung entsprechend geregelt — erfahrungsgemäß ist der Brennstoffverbrauch um so höher, je mehr das richtige Arbeiten der Feuerung von der Bedienung abhängt —, sondern es wird auch der Brennstoff auf der Rostanlage gleichmäßig verteilt. Da der Verbrennungsvorgang auf dem ganzen Roste nahezu derselbe sein muß, so ist eine durchweg möglichst gleiche Schütthöhe, die z. B. bei Steinkohle je nach der Kohlenart 80 bis 200 mm bei natürlichem Zuge beträgt, für eine gute wirtschaftliche Ausnutzung des Brennstoffes von größtem Werte. Außerdem läßt sich bei Anwendung selbsttätiger Rostbeschickungseinrichtungen das Aufmachen der Feuertüren und dadurch das mit Wärmeverlusten verbundene Eintreten kalter Luft oberhalb der Verbrennungsschicht vermeiden, und bei gleichmäßiger Dampfentnahme ist eine Änderung der zuzuführenden Luftmenge, wie es sonst nach jeder Beschickung von Hand erforderlich ist, nicht notwendig, so daß auch weniger leicht Fehler in der Zuführung der zweckmäßigsten Luftmenge gemacht werden können. Gegenüber einer Beschickung der Feuerungsanlage von Hand, die namentlich beim Planroste eine große Geschicklichkeit erfordert, kann durch eine selbsttätige Beschickungseinrichtung der Brennstoff bis zu 10 v. H. besser ausgenutzt werden. Durch Anordnung geeigneter selbsttätiger Feuerunganlagen lassen sich im übrigen auch minderwertige Kohlen, wie „Feinkohle“ oder „Schlammkohle“ oder auch sehr schlackenreiche Kohle, die wegen ihres geringen Preises Mahlkosten gut vertragen können, so zweckmäßig verfeuern, daß nicht unerhebliche Ersparnisse im Dampfpreis erzielt werden. Es ist aber ein großer Irrtum wenn — wie es oft der Fall ist — angenommen wird, daß bei Kesseln mit selbsttätiger Beschickung eine weniger gut geschulte und einsichtige Bedienung erforderlich ist, es müssen vielmehr auch bei diesen Anlagen mit den Verbrennungsvorgängen nur durchaus vertraute Heizer verwendet werden, weil die Wurffeuerung bei stets richtiger Zugstärke den jeweiligen Kesselleistungen und der Art und Stückgröße des Brennstoffes angepaßt und die Vorschubgeschwindigkeit bei Unterschubfeuerungen stets im richtigen Verhältnis zur Aufgabevorrichtung eingestellt sein muß.

Fortlaufende chemische Untersuchungen der Rauchgase durch selbsttätig arbeitende Analysatoren geben einen zuverlässigen Aufschluß über die Verbrennungsvorgänge auf dem Roste, indem sie selbsttätig den Gehalt an Kohlendioxyd bestimmen und das Ergebnis zeichnerisch festlegen. Hierdurch kann zu jedem Zeitpunkt festgestellt werden, ob Verbrennungsluft in richtiger Weise zugeführt worden ist, und es kann auf diese Weise unzweifelhaft nachträglich ein sicherer Rückschluß auf die Sorgfalt und Geschicklichkeit des Bedienungspersonales gezogen werden. Unter normalen Verbrennungsbedingungen soll z. B. bei guten Steinkohlen der Gehalt an Kohlendioxyd 10 bis 12 v. H. betragen. Ist der Kohlendioxydgehalt weniger als 10 v. H., dann hat die Feuerung eine zu große Menge Luft — ein zu großer Luftüberschuß begünstigt eine unvollkommene Verbrennung, indem er die Anfangstemperatur herabdrückt —, beträgt er dagegen mehr als 12 v. H., eine zu kleine Luftmenge zugeführt bekommen, was ebenfalls eine unvollkommene Verbrennung, nämlich eine solche zu Kohlenoxydgas, zur Folge hat. Die bei einer bestimmten Kesselleistung für jeden Brennstoff und jede Rostanlage zur Erzielung einer möglichst vollkommenen Verbrennung bei höchster Temperatur der Verbrennungsprodukte erforderliche bestimmte Luftmenge beträgt etwa das 1,2- bis 2,0-fache der theoretischen und ist durch praktische Versuche (u. a. aus dem Aussehen der Brennstoffschicht, der Farbe der Flammen, der entwickelten Rauchmenge) mittels Einstellung des Zugschiebers leicht zu ermitteln. Abb. 1 zeigt, in welchem Maße bei einer gewöhnlichen Planrostfeuerung die im Brennstoff enthaltene Wärme bei Abweichung von der günstigsten Luftmenge unvollkommener ausgenutzt wird. Auf der wagerechten Achse ist das Vielfache der benötigten Luftmenge, auf der senkrechten die Ausnutzung der im Brennstoff enthaltenen Wärme durch den Kessel in Prozent dargestellt. Bei der theoretischen Luftmenge (Luftzuführung 1) beträgt die Ausnutzung wegen unvollkommener Verbrennung nur 58 v. H., bei einem Luftüberschuß von 50 v. H. (1,5-fache Luftzuführung) hat sie den höchsten Wert von 70 v. H. erreicht, und bei einer weiteren Steigerung der Luftmenge nimmt sie wegen der in der größeren Abgasmenge enthaltenen großen Menge an Wärme allmählich wieder ab.

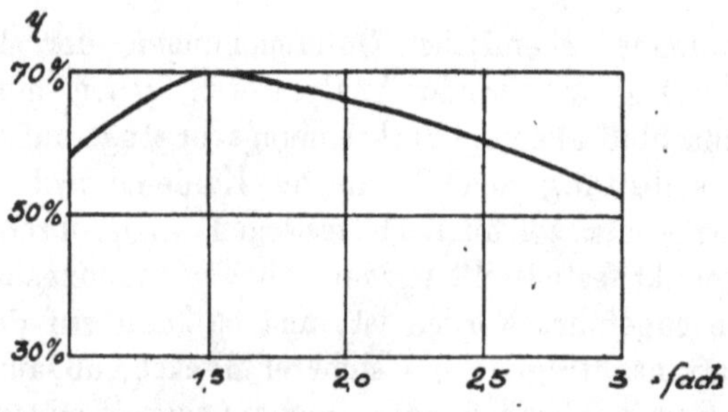

Abb. 1.

Um den Kesselheizer anzuhalten, stets auf eine gute Verbrennung zu achten, d. h. den Zugschieber der jeweiligen Belastung entsprechend einzustellen, empfiehlt es sich, ihm eine besondere Vergütung zu zahlen, wenn er während eines Betriebstages die günstigste Luftzuführung eingehalten hat. Besonders schwierig ist die richtige Einstellung der Luftzuführung bei Verwendung schlackenreicher Kohle, weil die erforderliche Luftmenge mit dem Grade der Verschlackung sich nicht unwesentlich ändert. Je weiter beispielsweise die Verschlackung vorgeschritten ist, um so weiter muß beim Planroste der Zugschieber geöffnet werden.

Die für die jeweilige Verbrennung erforderliche Zugstärke und damit die Geschwindigkeit der Verbrennungsgase in den Heizzügen, die so groß sein soll, daß sich die Heizgase auf dem Wege zum Schornstein von etwa 1200° C auf rund 250° C abkühlen, kann durch Zugmesser einfachster Art — z. B. durch ein U-förmig gebogenes, zum Teil mit gefärbtem Wasser angefülltes kleines Glasröhrchen, dessen einer Schenkel mit dem Schornstein in Verbindung steht — oder durch selbsttätig aufzeichnende Zugmesser ständig beobachtet werden. Im unteren

Teil des Schornsteins soll die Zugstärke bei einer Temperatur der Abgase von 250° C und einer Lufttemperatur von 20° C im allgemeinen etwa 15 mm Wassersäule betragen.

Die Temperatur der Abgase kann durch eingeschaltete, selbstaufzeichnende Thermometer (Stickstoffthermometer, elektrische Pyrometer) jederzeit festgestellt werden.

Neben der Überwachung der Feuerungsanlage ist für einen wirtschaftlichen Kesselbetrieb auch die ständige Messung des Speisewassers und des erzeugten Dampfes von Nutzen. Durch Einschalten von Wassermeßeinrichtungen ist es möglich, den Verbrauch an Speisewasser in jedem Betriebsabschnitt und damit unter Berücksichtigung der zur Verdampfung benötigten Brennstoffmenge die Verdampfungsziffer festzustellen, d. h. es läßt sich so leicht errechnen, wieviel kg Dampf von bestimmtem Zustand durch Verbrennen von 1 kg Brennstoff erzeugt werden können. Außerdem kann zur Prüfung durch Anordnung von besonderen, registrierenden Dampfmessern in jedem Augenblick die gesamte erzeugte Dampfmenge ermittelt werden. Diese Mengenwerte lassen sich durch die Registriervorrichtungen, die sowohl in dem betreffenden Heizraum wie auch in anderen Räumen (Betriebsbureau) aufgestellt sein können, zeichnerisch darstellen. Auf Grund dieser Aufzeichnung kann auf ein richtiges oder falsches Arbeiten der Kesselanlage, auf Mängel am Kessel selbst oder an den Rohrleitungen, auf unrichtige Wartung des Bedienungspersonals oder auch auf eine Minderwertigkeit des Brennstoffes geschlossen werden.

Von den auftretenden Wärmeverlusten in den unverbrennbaren Gasen, durch Strahlung, Leitung oder durch Ansammlung von Flugasche auf der Heizfläche sind die in den Abgasen enthaltenen bei den meisten Kesselanlagen die größten; sie betragen 15 bis 25 v. H. der Brennstoffwärme. Im Interesse der Wirtschaftlichkeit der Kesselanlage ist es daher von Wichtigkeit, die Anlage nicht nur zweckmäßig und gut zu isolieren und regelmäßig wiederkehrende Reinigungs- und Instandsetzungsarbeiten (Ausbesserungsarbeiten am Feuerraum, an der Rostanlage, der Kesseleinmaurung, u. a. m.), sowie Beseitigung von Kesselstein- und Schlammbildungen (wöchentliches Abblasen des Kessels) und der Flugasche an den Heizflächen vorzunehmen, sondern vor allem auch geeignete Maßnahmen zu treffen, die sogenannte Abfallwärme nach Möglichkeit noch irgendwie nutzbar zu machen. Namentlich setzen Kesselstein, Flugasche und Schlamm als schlechte Wärmeleiter den Wärmedurchgang nicht unwesentlich herab und führen dadurch oft eine recht erhebliche Verringerung der Kesselleistung herbei. Bei undichtem, die Heizzüge umgrenzendem Mauerwerk (undichte Fugen, Spalten, poröse Mauersteine) kann sogenannte falsche Luft von außen in die Züge, in denen bei dem allgemein gebräuchlichen Saugzug ein geringerer Luftdruck als im Kesselhause herrscht, eintreten, die sich dann mit den Heizgasen vermischt und eine die Wärmeübertragung nicht unerheblich beeinträchtigende Temperaturverminderung herbeiführt.

In den meisten Fällen wird sich ein großer Teil der in den abziehenden Heizgasen noch steckenden ausgiebigen Wärmemenge durch Einschalten eines Rauchgasvorwärmers ausnutzen lassen, indem das durch einen solchen von den warmen Abgasen geheizten Vorwärmer fließende Kesselspeisewasser einen erheblichen Teil der Flüssigkeitswärme bereits vor dem Eintritt in den Kessel erhält, und zwar lassen sich bei Abkühlung der Abgase um 150° C, wenn für jeden Grad der Abkühlung eine Steigerung der Speisewassertemperatur in einem Vorwärmer im Mittel von etwa 0,55° C angenommen wird, eine Temperaturerhöhung des Speisewassers um $150 \cdot 0{,}55 = 82{,}5°$ C erzielen, d. h. die Brennstoffwärme um 7 bis 8 v. H. noch verwerten und der Kesselwirkungsgrad auf 85 v. H. verbessern. Oder es lassen sich die abziehenden Heizgase noch in einem eingeschalteten Wasserdestillierapparat, für Lufterhitzung oder für ähnliche Zwecke — vor allem ohne jede Vermehrung der Lohnausgaben — nutzbringend verwerten. Hierbei ist besonders auf einen guten spezifischen Wärmedurchgang durch den Heizkörper zu achten, damit das zur Durchleitung der Wärme erforderliche Wämegefälle möglichst gering und die Ausnutzung der Abwärme möglichst groß wird. Welcher Nutzen z. B. bei einem mit vorgewärmtem Wasser von 95° C gespeisten Kessel gegenüber einer Anlage vorliegt, bei der das eingeführte Speisewasser eine Temperatur von nur 15° C hat, zeigt folgende Überlegung. Wird in einer Kesselanlage Dampf von 10 Atm. absolut erzeugt, dann wird für 1 kg Dampf bei einer Speisewassertemperatur von 15° C, da für jeden Grad, um den das Wasser dem Kessel wärmer zugeführt wird, ~1 WE weniger für die Dampferzeugung erforderlich ist, eine Gesamtwärme von rund 666 − 15 = 651 WE, bei einer Temperatur des Speisewassers von 95° C dagegen von nur 666 − 95 = 571 WE benötigt, was einer Ersparnis von 80 WE oder $\frac{80 \cdot 100}{615} \sim 12$ v. H. entspricht. Arbeitet dieser Dampf von 10 Atm. absolut in einer Dampfkraftanlage von 200 PSn, die für 1 PSn-st 1,3 kg Kohle braucht, dann werden durch die Vorwärmung des Speisewassers auf 95° C für 1 PSn-st $1{,}3 \cdot 12 \cdot \frac{1}{100} = 0{,}156$ kg oder für 200 PSn bei 300 Arbeitstagen von 11-stündiger Betriebszeit $300 \cdot 11 \cdot 200 \cdot 0{,}156 = 102960$ kg Kohle im Jahre gespart. Bei einem Kohlenpreis von nur 17 *M* für die Tonne bedeutet das eine jährliche Ersparnis von $17 \cdot 102{,}96 \sim 1750$ *M*.

Welchen schädigenden Einfluß das Ansetzen eines schlechten Wärmeleiters wie Flugasche, Schlamm u. a. bei einem Vorwärmer haben kann, zeigt allein die Tatsache, daß nach Reinigung einer solchen Anlage die Temperatur des austretenden Wassers um 40 bis 50° C erhöht werden konnte, was einer monatlichen Kohlenersparnis von etwa 5 Tonnen oder bei einem Preis von 17 *M* für die Tonne einer jährlichen Ersparnis von $17 \cdot 12 \cdot 5 = 1020$ *M* entsprach. In einem anderen Falle konnten lediglich durch eine gründliche Reinigung und durch Instandsetzung der Einhüllung und der Ausmauerung der Kesselanlage eines Betriebes von etwa 7000 qm Heizfläche bei gleicher Leistung rund 350 qm Heizfläche stillgelegt, d. h. gespart werden.

Neben der für einen wirtschaftlichen Kesselbetrieb zweckmäßigen Anordnung von selbsttätigen Bedienungs- und Prüfeinrichtungen, durch die bei guter Wärmewirtschaft eine Steigerung der Leistung und eine verminderte Lohnausgabe erzielt wird, ist es ratsam, in bestimmten Zeitabschnitten sogenannte, zum Teil bereits erwähnte Zwischenversuche, denen heutzutage immer noch zu wenig Wert beigelegt wird, vorzunehmen zum Zwecke der Feststellung von:

1. der Verdampfungsziffer, d. h. der Anzahl kg Dampf, die 1 kg Brennstoff in der betreffenden Kesselanlage erzeugt;
2. der stündlichen Dampfleistung auf 1 qm Heizfläche, die bei Großwasserraumkesseln z. B. zwischen 18 und 28 kg, bei Wasserrohrkesseln etwa zwischen 20 und 30 kg und mehr liegt;

3. der stündlichen Beanspruchung von 1 qm Rostfläche;
4. des Kesselwirkungsgrades als Maßstab für die Brennstoffausnutzung, d. h. des Verhältnisses der in Gestalt von Wasserdampf herausgeholten Wämemenge zu der in Form von Brennstoff hineingeschickten Wärme;
5. des Dampfpreises, d. h. der Brennstoffkosten, die auf die Erzeugung einer bestimmten Dampfmenge (z. B. 1 kg) entfallen.

Die jeweils gefundenen Werte sind dann mit den Abnahme-Versuchsergebnissen zu vergleichen, und bei Abweichung sollte sofort den Ursachen nachgegangen und gegebenenfalls Betriebsfehler möglichst umgehend, spätestens jedoch in der nächsten Betriebspause beseitigt werden.

In ähnlicher Weise wie in betriebswirtschaftlicher Hinsicht mit den festen Brennstoffen verfahren werden muß, ist es auch bei der Verwendung von gasfömigen und flüssigen Brennstoffen sowohl für Dampfkesselbetrieb als auch für Verbrennungskraftmaschinen zu handhaben: stete gute Beobachtung über den möglichst sparsamen Verbrauch, gute wärmetechnische Ausnutzung, ständige Prüfung des Heizwertes, der ebenfalls den Preis mitbestimmen sollte, sowie regelmäßig vorzunehmende Feststellung der Charakteristik (Elementarzusammensetzung).

b) Wasser.

Überall, wo in einem Betriebe Wasser in größeren Mengen verbraucht wird — als Kesselspeisewasser oder für Kühl- oder andere Zwecke —, sollten ebenfalls in ausgiebigem Maße Meß- und Aufschreibevorrichtungen (in die Rohrleitung eingeschaltete Venturi-Düsen, geeichte Flügelrad-Wassermesser oder Überfallgefäße, mit denen mittels einfacher Formeln die durchfließende Wassermenge sich leicht errechnen läßt, oder ähnliche Apparate) angeordnet werden, um die verbrauchte Menge jederzeit feststellen und mittels zeichnerischer Darstellung den Verbrauch in jedem Zeitabschnitt nachprüfen zu können. Bei Unregelmäßigkeiten sollte sofort den Ursachen nachgegangen werden, — ob sie auf die Unachtsamkeit des Bedienungspersonals, auf fehlerhaftes Arbeiten der maschinellen Einrichtung u. a. m. zurückzuführen sind —, damit Betriebsfehler schnell behoben werden können, denn auch ein Verlust an Betriebswasser beeinträchtigt das wirtschaftliche Ergebnis eines Betriebes und zwar natürlich um so mehr, je größer die Kosten seiner Beschaffung sind. Ist bei einer nach dem Dieselverfahren arbeitenden Verbrennungskraftmaschine von 750 PSn der Verbrauch an Kühlwasser 34 l für 1 PSn st, und beträgt der Preis für 1 cbm Wasser nur 2 ₰, dann belaufen sich bei 300 Betriebstagen von je 22 Stunden allein die jährlichen Betriebskosten für das Wasser auf $300 \cdot 22 \cdot 750 \cdot 0{,}034 \cdot 2 = 336600$ ₰ = 3366 ℳ. Läßt sich eine Verminderung des Wasserverbrauches ermöglichen, dann sollte sie auch stets vorgenommen werden. So läßt sich z. B. der Wasserverbrauch für Verdampfungszwecke jeglicher Art leicht durch Rückspeisung niedergeschlagenen entölten Dampfwassers, das als Speisewasser außerdem den Vorzug einer höheren Temperatur besitzt, ferner der Verbrauch an Kühlwasser durch Anordnung von Rückkühlanlagen und Wiederverwendung des gekühlten Wassers vermindern.

Braucht beispielsweise eine Verbrennungskraftmaschine von 1200 PSn 40 l Kühlwasser für 1 PSn-st und beträgt der Preis in Gegenden, in denen Wassermangel herrscht, 5 ₰ je cbm, so ergeben sich die jährlichen Kühlwasserkosten bei 300 Betriebstagen zu je 22 Stunden zu: $300 \cdot 22 \cdot 1200 \cdot 0{,}04 \cdot 5 = 1\,584\,000$ ₰ = 15840 ℳ. Stellt sich bei Anwendung einer Rückkühlanlage unter Berücksichtigung des Wasserverlustes der Preis von 1 cbm Wasser auf 2 ₰, dann betragen die jährlichen Betriebskostenersparnisse

$$1584000 - 300 \cdot 22 \cdot 1200 \cdot 0{,}04 \cdot 2 = 1584000 - 633600 = 950400 \text{ ₰} = 9504 \text{ ℳ}.$$

Es sollte ferner nie unterlassen werden, da, wo das Wasser für den betreffenden Betrieb eine ungeeignete Beschaffenheit hat, d. h. nicht ganz stein- und schlammfrei und — wenn auch nur feine — mechanische Beimengungen hat, das Wasser durch Klärung, Filtrierung oder durch chemische Behandlung (Enteisenung und Enthärtung) seinem Zweck entsprechend (für Kesselspeisung, Kühlung für Verbrennungskraftmaschinen, für Kompressoren, für Kondensatorkühlung u. a. m.) gut zu reinigen, damit die Stoffe, mit denen das Wasser in Berührung kommt, nicht angegriffen und Betriebsstörungen und Ausbesserungen sowie ein frühzeitiger Verschleiß nach Möglichkeit vermieden werden. Für die Kühlung von Zylindermänteln wird beispielsweise zweckmäßig nur weiches Wasser, das durch Rückkühlung gegebenenfalls mit etwas Frischwasserzusatz ständig wieder verwendungsfähig ist, genommen werden, da sich bei hartem Wasser in den Kühlmänteln Kesselsteinansatz bilden kann, der zur Verringerung des Durchflußquerschnittes und zur Wärmedurchgangsverminderung, also zur Gefährdung der notwendigen Kühlwirkung führt. Bei Dampfkesseln können durch ungeeignete Beschaffenheit des Speisewassers ebenfalls Kesselstein- und Schlammbildungen die Folge sein, die nicht nur eine Verschlechterung des Wärmeüberganges verursachen, sondern auch Ausbeulungen, Überhitzungen und Anrostung der Kesselbleche sowie Verstopfungen der Armaturen und der Speiseleitungen, also Betriebsstörungen und Wiederinstandsetzungskosten, d. h. eine Vermehrung der Betriebsunkosten hervorrufen können. Insbesondere können Ausbeulungen eine solche Schwächung der Blechstärke zur Folge haben, daß die Betriebssicherheit der Kesselanlage gefährdet wird.

---

3. Wärmekraftmaschinen.

A. Dampfmaschinen.

In den Wärmekraftmaschinen muß die teilweise Umsetzung des Wärmeinhaltes des in den Dampfkesseln durch Verfeuerung von Brennstoffen erzeugten Wasserdampfes in mechanische Energie — in Kolbendampfmaschinen durch unmittelbare Entspannung des Dampfes im Zylinder, in Dampfturbinen durch Umwandlung des Druckes in Strömungsenergie — ebenfalls stets nach den Gesetzen der Wirtschaftlichkeit erfolgen, d. h. es muß der stündliche Dampfverbrauch für die Leistungseinheit stets der jeweils günstigste sein. Dieser günstigste Dampfverbrauch, der bei neuen Anlagen auch als Dampfgarantie bezeichnet wird, soll nach Möglichkeit immer eingehalten und durch streng durchgeführte, regelmäßig vorzunehmende Versuche geprüft werden.

Bei jeder Dampfkraftanlage ist es zunächst von Wichtigkeit, stets dafür Sorge zu tragen, daß die Rohrleitungen zwischen Dampfkessel und Wärmekraftmaschine einerseits und gegebenenfalls zwischen Dampfmaschine und Kondensator andererseits, sowie auch andere Dampfrohrleitungen einschließlich der Flanschen, Absperrteile, Stopfbüchsen u. a. vollkommen dicht sind. Undichtigkeiten sollten nach dem heutigen Stande der Technik überhaupt nicht mehr vorkommen. Nie sollte man mit Packungsmitteln sparen und alte, unbrauchbare zum Abdichten verwenden. Vor allem gilt das von der Dampfleitung der Kondensationsmaschinen — namentlich der gegen eine Erhöhung des Gegendruckes außerordentlich empfindlichen Dampfturbinen —, weil hier eintretende Luft den Unterdruck verschlechtert, was mit einem Energieverlust gleichbedeutend ist, denn je schlechter der Unterdruck ist, um so kleiner wird das ausnutzbare Druck- bzw. Wärmegefälle, und damit vergrößert sich auch bei gleicher Leistung der Dampf- und Kohlenverbrauch. Außerdem steigt dadurch auch der Energieverbrauch der Kondensatorluftpumpen. Mit der Zunahme des Gegendruckes um 1 v. H. kann bei den Dampfturbinen ein Mehrverbrauch an Dampf bis zu 4 v. H., bei den Kolbendampfmaschinen von rund 0,45 v. H. angenommen werden. Aber auch bei vollkommen dichten Rohrleitungen werden Verluste an Wärme (Verdampfungswärme) und Dampfdruck auftreten. Im Interesse eines wirtschaftlichen Betriebes müssen auch diese Energieverluste nach Möglichkeit eingeschränkt werden und zwar hauptsächlich dadurch, daß nicht nur die Rohrleitungen eine sorgfältige und wirksame Einhüllung aus Asbest- oder Kieselgurmasse erhalten, sondern daß auch, was heutzutage immer noch nicht recht gewürdigt wird, die Rohrflanschverbindungen und Ventilgehäuse mit ihrer großen, wärmeabgebenden Oberfläche gut eingekapselt sind. Namentlich sollte der Flanschenumhüllung viel größere Bedeutung beigelegt werden, als dies bisher in der Praxis geschah, und es sollte jede schadhafte Stelle in der Einhüllungsmasse der Rohr- und Flanschenleitung stets sofort beseitigt werden. Die Wichtigkeit eines guten Wärmeschutzes des Dampfleitungsnetzes erhellt unter anderem auch daraus, daß durch die Ausstrahlung der Wärme an die Umgebung bei gesättigtem Wasserdampf ein Teil der Verdampfungswärme dem Dampf entzogen wird, was ein Niederschlagen eines entsprechenden Teiles des Dampfes zur Folge hat. Ganz abgesehen von diesem Wärmeverlust kann das schädliche Niederschlagwasser auch Heizflächen unwirksam machen und Dampfmaschinen gefährden, weshalb auf jeden Fall neben einer wirksamen Bekleidung der Rohrleitungen mit hitzebeständiger Einhüllungsmasse für eine gute Entwässerung und Rückgewinnung des heißen Niederschlagwassers durch Vermischen mit dem kalten Speisewasser, dessen Temperatur es gleichzeitig erhöht, Sorge getragen werden muß. Besondere Sorgfalt ist hierbei auf das ordnungsgemäße Arbeiten der selten dicht haltenden selbsttätigen Wasserabscheider (Kondenstöpfe) zu verwenden, die schon bei verhältnismäßig geringen Dampfgeschwindigkeiten keine vollständige Entwässerung bewirken und in vielen Betrieben in versteckten und schwer zugänglichen Winkeln ein unbeachtetes Dasein führend nicht selten einen ganz bedeutenden Wärmeverlust verursachen. Welchen Einfluß die Umhüllung der Rohrleitungen und Flanschen auf die Wärmeersparnis hat, zeigt der Versuch, der im Auftrage des Vereins deutscher Ingenieure in der dampftechnischen Versuchsanstalt des Bayerischen Revisionsvereins in München vorgenommen wurde.*)

Bei einer Rohrleitung von 26,6 m Länge und 70 mm lichter Weite mit 6 Flanschen waren bei ruhendem gesättigten Wasserdampf die Ergebnisse wie folgt:

Absolute Dampfspannung	Dampftemperatur	Mittlere Lufttemperatur	Temperaturgefälle zwischen Dampf und Luft	Niederschlagswasser für 1 m Leitung in 1 Stunde	1 m Rohrleitung ausschließlich Flüssigkeitswärme	1 qm Leitungsoberfläche abzüglich Flüssigkeitswärme	1 qm Leitungsoberfläche und 1° C Temperaturgefälle
kg/qcm	° C	° C	° C	kg	WE	WE	WE
			a) bei unverkleideter Leitung				
3,16	134,5	16,6	117,9	0,761	389,9	1540	13,1
6,59	161,6	17,2	144,4	1,051	517,3	2043	14,1
12,94	190,4	24,5	165,9	1,353	638,0	2520	15,2
13,04	190,7	27,7	169,0	1,401	660,2	2618	15,4
			b) bei umhüllter Leitung mit unverkleideten Flanschen				
3,15	134,5	14,7	119,8	0,226	115,6	456,6	3,8
6,50	161,1	16,1	145,0	0,291	142,9	564,4	3,9
13,05	190,7	18,0	172,7	0,397	187,3	739,0	4,3
			c) bei umhüllter Leitung und verkleideten Flanschen				
3,20	135,0	17,5	117,5	0,205	104,5	412,6	3,5
6,48	161,0	19,5	141,5	0,285	140,6	555,3	3,9
13,10	190,9	23,0	167,9	0,357	168,1	663,9	4,0

*) Z. d. V. d. I. 1908 Nr. 13.

Bei verkleideten Rohrleitungen ohne Flanschenumhüllung kann man je nach Art der Umhüllungsmasse für Temperaturgefälle zwischen Dampf und Luft von 100 bis 200° C gegenüber der unverkleideten Leitung eine Wärmeersparnis bis zu 83 v. H.; bei vollständig umhüllten Leitungen einschließlich der Flanschen sogar bis zu 88 v. H. annehmen.

Der Versuch hat ferner den Wärmeverlust eines nicht eingehüllten Ventiles von 70 mm lichtem Durchmesser ohne das zugehörige Flanschenpaar bei einem Temperaturgefälle zwischen Dampf und Luft von 100 bis 200° C wie folgt ergeben:

Temperaturgefälle zwischen Dampf und Luft °C	Stündlicher Wärmeverlust des Absperrteiles WE	Länge des unverkleideten Rohres von 70 mm innerem Durchmesser und gleichem Wärmeverlust m
100	255	0,87
110	300	0,91
120	350	0,94
130	400	0,95
140	450	0,97
150	500	0,97
160	555	0,98
170	613	0,98
180	675	0,98
190	742	0,97
200	816	0,97

Der Wärmeverlust dieses nicht eingehüllten Absperrteiles entsprach also angenähert dem Verlust eines etwa 1 m langen unverkleideten Rohres von gleichem Durchmesser.

Ist $t_i - t_a$ der Temperaturunterschied zu beiden Seiten der Rohrwandung und k die Wärmedurchgangszahl, d. h. die Zahl von Wärmeeinheiten, die in der Stunde bei einem Temperaturgefälle zwischen Dampf und Luft von 1° C durch 1 qm der Rohrwand hindurchgeht, und die für den Wärmeübergang von Wasserdampf in Luft durch eiserne Wandungen bei unverkleideter Rohrleitung für Temperaturgefälle von 100 bis 200° C nach Eberle zu 12 bis 16 und bei vollständig eingehüllten Rohren einschließlich der Flanschen und Absperrteile zu 2,2 bis 2,4 und ohne Verhüllung der Flanschen und Absperrteile zu 3,2 bis 3,4 angenommen werden kann, dann ergibt sich die in einer bestimmten Zeit durch die Rohrwandung hindurchgehende Wärmemenge zu $Q = s \cdot k \cdot F\,(t_i - t_a)$ WE. Hierin bedeutet s die Zeit in Stunden, F die ausstrahlende Fläche in qm, $t_i - t_a$ der Temperaturunterschied und k die Wärmedurchgangszahl. Strömt beispielsweise durch eine Rohrleitung Dampf von 8 Atm. Überdruck und ist die Außentemperatur 15° C, dann geht durch 1 qm Rohrfläche bei unverkleideten Rohren in einer Stunde an Wärme verloren; $Q = 1 \cdot 14 \cdot 1 \cdot (174{,}4 - 15) = 2232$ WE; bei umhüllter Leitung und unverkleideten Flanschen nur $Q = 1 \cdot 3{,}3 \cdot 1 \cdot (174{,}4 - 15) =$ 526 WE und bei vollständig eingehüllter Rohrleitung einschließlich der Flanschen dagegen nur: $Q = 1 \cdot 2{,}3 \cdot 1 \cdot (174{,}4 - 15) =$ 367 WE. Da die Verdampfungswärme des Dampfes von 8 Atm. Überdruck 488 WE für 1 kg beträgt, so ergibt die durch Ausstrahlung verlorengegangene Wärme eine Niederschlagwassermenge bezogen auf 1 qm Rohroberfläche in der Stunde von $\frac{2232}{488} = 4{,}9$ kg bei unverkleideten Rohren, bei Anordnung einer guten Einhüllung der Leitung ausschließlich der Flanschen von $\frac{526}{488} = 1{,}1$ kg und bei vollständig verkleideter Rohrleitung dagegen nur von $\frac{367}{488} = 0{,}75$ kg.

Hat eine 300 m lange Rohrleitung mit 60 Flanschen einen lichten Durchmesser von 100 mm und einen äußeren Durchmesser von 108 mm, ist ihre gesamte Oberfläche demnach etwa 108 qm, und strömen durch die Leitung stündlich 4000 kg Dampf, dessen Druck am Anfang der Leitung 10 Atm. absolut und am Ende 9,2 Atm., im Mittel also 9,6 kg/qcm beträgt bei einer Dampftemperatur von 177° C, dann ist unter der Annahme einer Wärmedurchgangszahl von 14,5 bei einem Temperaturunterschied von 177 — 20 = 157° C, der stündliche Wärmeverlust der nicht umhüllten Leitung:

$$Q_1 = 1 \cdot 14{,}5 \cdot 108 \cdot 157 = 245862 \text{ WE}.$$

Ist G_1 das Gewicht und λ_1 die Gesamtwärme des Dampfes am Anfang und G_2 beziehungsweise λ_2 am Ende der Rohrleitung, und bedeutet q_2 die Flüssigkeitswärme des Dampfes am Ende der Leitung, dann ergibt sich die Dampfmenge, die am Ende der nicht eingekleideten Rohrleitung von den zugeführten 4000 kg noch verfügbar ist, zu:

$$G_1 \cdot \lambda_1 = G_2 \cdot \lambda_2 + (G_1 - G_2) q_2 + 245862 \text{ WE.}$$
$$4000 \cdot 666{,}1 = G_2 \cdot 664{,}8 + (4000 - G_2) \cdot 176{,}9 + 245862$$
$$2664400 = 664{,}8 \cdot G_2 + 707600 - 176{,}9 \cdot G_2 + 245862$$
$$487{,}9\, G_2 = 1710938$$
$$G_2 = 3506 \text{ kg.}$$

Es entstehen also stündlich an Niederschlagswasser in der Leitung:

$$4000 - 3506 = 494 \text{ kg.}$$

Wird die Leitung gut verkleidet, so daß eine Wärmeersparnis von 0,85 erzielt wird, dann ist der stündliche Wärmeverlust der ganzen umhüllten Leitung einschließlich der Flanschen:

$$245862 - Q_2 = 0{,}85 \cdot 245862$$
$$Q_2 = 36879 \text{ WE.}$$

Bleibt bei einer Nichteinhüllung der Flanschen eine Leitungsoberfläche von etwa 9 qm frei, so ist der hierdurch entstehende stündliche Wärmeverlust bei einem Temperaturgefälle von $177 - 20 = 157^0$ C und einer Wärmedurchgangszahl von 14,5:

$$9 \cdot 14{,}5 \cdot 157 = 20488 \text{ WE.}$$

Da die Wärmeersparnis durch die Umhüllung zu 85 v. H. angenommen wurde, so beträgt der Mehrverlust an Wärme durch die unverkleideten Flanschen nur:

$$0{,}85 \cdot 20488 = 17415 \text{ WE.}$$

Der Gesamtverlust der umhüllten Leitung mit unverkleideten Flanschen ergibt sich demnach zu

$$Q_3 = 36879 \cdot 17415 = 54294 \text{ WE}$$

und die Wärmeersparnis zu:

$$\frac{245862 - 54294}{245862} = 0{,}78.$$

Der stündliche Wärmeverlust der unverkleideten Rohrleitung von 245862 WE wird also durch die Umhüllung der Leitung ausschließlich der Flanschen auf 54294 WE, d. h. um 191568 WE (78 v. H. Wärmeersparnis), und durch eine vollständige Umhüllung der Leitung auf 36879 WE oder um 208983 WE (85 v. H. Wärmeersparnis) vermindert. Bei einer jährlichen Betriebszeit von 300 Arbeitstagen zu je 22 Stunden ergeben sich die jährlichen Wärmeersparnisse bei umhüllter Rohrleitung ausschließlich der Flanschen zu:

$$300 \cdot 22 \cdot 191\,568 = 1\,264\,348\,800 \text{ WE},$$

bei vollständig verkleideter Rohrleitung zu:

$$300 \cdot 22 \cdot 208\,983 = 1\,379\,287\,800 \text{ WE}.$$

Nimmt man die Kohlenkosten zu 16 ℳ für 1000 kg mit einem Heizwert von 7000 WE/kg und den Kesselwirkungsgrad zu 0,70 an, dann ergeben sich die jährlichen Kohlenersparnisse zu:

$$\frac{1\,264\,348\,800 \cdot 16}{7000 \cdot 0{,}7 \cdot 1000} = 4128 \text{ ℳ}$$

bei verkleideter Rohrleitung ausschließlich der Flanschen und zu:

$$\frac{1\,379\,287\,800 \cdot 16}{7000 \cdot 0{,}7 \cdot 1000} = 4503 \text{ ℳ}$$

bei vollständig eingehüllter Leitung.

Diese Beispiele zeigen den großen Einfluß einer wirksamen und sorgfältigen Verkleidung der Rohrleitungen, sowie der Flanschen und Absperrteile auf die Wärmeersparnis und die Wichtigkeit der Instandhaltung des Wärmeschutzes. In größeren Betrieben dürfte es sich daher empfehlen, besonders ausgebildete Arbeiter mit der dauernden Überwachung und Instandhaltung der gesamten Rohranlage zu beauftragen.

Aus Gründen der besseren Wirtschaftlichkeit ist es bei fast allen größeren Dampfkraftanlagen ratsam, überhitzten Wasserdampf von möglichst hoher Spannung (bei Kolbendampfmaschinen bis zu 20 kg je qcm und eine Temperatur bis zu rund 300° C, bei Dampfturbinen bis zu 12 kg je qcm und eine Temperatur bis zu etwa 350 bis 400° C) zu verwenden, weil bei Kolbenmaschinen vor allem der Anfangsdruck und die Überhitzung, bei Turbinen die Überhitzung neben der Güte des Unterdruckes auf den Dampfverbrauch einen nicht geringen Einfluß hat. Bei der Zunahme der Überhitzungstemperatur um je 5 bis 6° C kann eine Abnahme des Dampfverbrauchs um etwa 1 v. H. angenommen werden. Außerdem kommt hinzu, daß verhältnismäßig nur wenig Wärme mehr benötigt wird, um hochgespannten Dampf statt

Dampf von geringerer Spannung zu erzeugen, und daß Heißdampf aus gesättigtem Wasserdampf durch zweckmäßigen Einbau von Überhitzern billig herzustellen ist, wobei der Dampf bei gleichbleibender Spannung eine Vergrößerung seines Energieinhaltes erfährt. Um beispielsweise Dampf von 10 Atm. absolut (Gesamtwärme von 1 kg = 666,13 WE) zu erzeugen, sind etwa nur 4 v. H. mehr Wärme erforderlich als für die Erzeugung von Dampf von 1 Atm. absolut (Gesamtwärme von 1 kg = 639,3 WE), und um 1 kg Dampf um 1 °C zu überhitzen, sind im Durchschnitt etwa nur 0,5 WE aufzuwenden. Welchen Einfluß die Steigerung der Überhitzung des Dampfes auf den Dampfverbrauch hat, zeigt folgende Zusammenstellung nach Versuchen von M. Schröter und Dr. Koob-München an einer Kolbenmaschine mit zweistufiger Dampfdehnung von 250 PSn mit stufenweise zunehmender Überhitzungstemperatur bis zu etwa 350 °C bei gleichbleibender Füllung.

Belastung PSi	222,87	223,90	220,29	219,75	214,66
Absolute Dampfspannung bei Eintritt in den Hochdruckzylinder	10,24	10,09	10,16	10,31	10,28
Der absoluten Dampfspannung entsprechende Sättigkeitstemperatur in °C .	179,9	179,3	179,6	180,3	180,1
Wirkliche Temperatur des überhitzten Dampfes in °C bei Eintritt in den Hochdruckzylinder	204,3	233,6	263,9	303,1	358,8
Dampfverbrauch je PSi-st in kg	5,25	4,99	4,84	4,45	4,03
Auf gesättigten Dampf umgerechneter Dampfverbrauch in kg je PSi st .	5,34	5,19	5,14	4,85	4,54
Ersparnis durch Überhitzung in % des Verbrauches bei gesättigtem Wasserdampf .	2,4	5,1	6,0	11,3	17,4

In Abb. 2, in der auf der wagerechten Linie die Dampftemperatur in °C und auf der senkrechten die Wärmemenge in WE aufgetragen sind, ist nach der obigen Tabelle der Wärmeverbrauch für 1 PSi st bei zunehmender Überhitzungstemperatur zeichnerisch dargestellt.

Wie günstig der Einfluß der Überhitzung auf den Wärmeverbrauch bei einer Turbine ist, zeigt das Beispiel der auf der Reichswerft Wilhelmshaven befindlichen Parsonsturbine.

Leistung der Turbine in KW.	Dampt	Belastung				
		voll	4/5	2/3	1/3	
700 KW.	trockener Sattdampf	9,02	9,30	9,55	11,20	kg je KW.-St.
700 KW.	auf 320° C überhitzt	7,16	7,4	7,6	8,95	
350 KW.	trockener Sattdampf	10,05	10,35	10,60	12,55	kg je KW.-St.
350 KW.	auf 320° C überhitzt	8,36	8,65	8,85	10,30	

Bei Verwendung von Heißdampf ist also der Dampf- und somit auch der Brennstoffverbrauch bei gleichen Leistungen

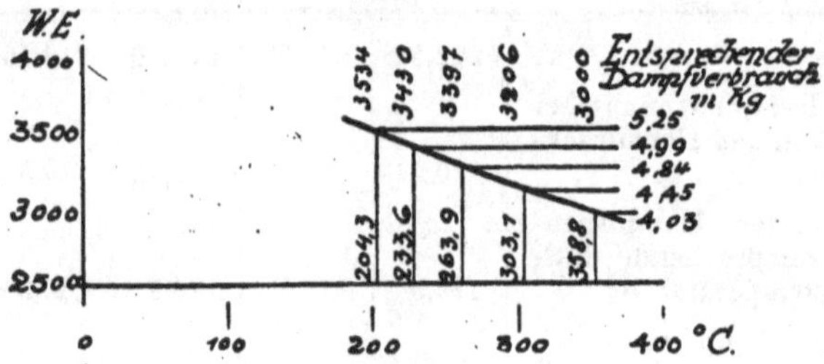

Abb. 2.

geringer; er arbeitet sparsamer und billiger als sein Sattdampf, aus dem er entstanden ist. Stellt sich beispielsweise der Dampfverbrauch einer Einzylindermaschine bei Dampf von 6 bis 10 Atm. Überdruck in trocken gesättigtem Zustande auf 9,0 bis 11,8 kg je PSn-st ohne Kondensation und auf 6,5 bis 6,9 kg je PSn-st mit Kondensation, dann ist der Bedarf bei Heißdampf von etwa 300° C nur 7,0 bis 9,7 kg je PSn-st ohne Kondensation und 5,1 bis 8,0 kg je PSn-st mit Kondensation. Bei einer dreifachen Expansionsmaschine mit Kondensation und einem Dampfdruck von 10 bis 14 Atm. Überdruck ist der Dampfverbrauch je PSn-st 5,7 bis 6,5 kg, wenn trocken gesättigter Wasserdampf verwendet wird, dagegen nur 4,5 bis 6,0 kg, wenn der Dampf auf 300° C überhitzt ist.

Außerdem ist Heißdampf ein schlechter Wärmeleiter, und es ändert sich sein Aggregatzustand nicht so leicht wie der des gesättigten Wasserdampfes, weil der überhitzte Dampf in Rohrleitungen sich nicht niederschlägt, so lange deren Wandungstemperaturen oberhalb der Sättigungstemperatur des Dampfes bleiben; es treten also auch durch die nie zu vermeidende Abkühlung weniger leicht Kondensationsverluste auf. Allerdings darf nicht außer acht gelassen werden, daß der Betrieb mit Heißdampf empfindlicher ist, und zwar um so mehr — je mehr der Dampf überhitzt ist — als derjenige mit gesättigtem Wasserdampf, und daß daher die Anlage eine sorgfältigere Aufmerksamkeit und ein besser geschultes, daher teueres Betriebspersonal erfordert.

Von dem Grundsatze ausgehend, daß jede Kraftanlage um so sparsamer arbeitet, je besser sie ausgenutzt wird und je mehr der Energieverbrauch dem für eine bestimmte Leistung stets günstigsten — bei Dampfkraftanlagen also der sogenannten Dampfgarantie — entspricht, kommt es für die wirtschaftliche Betriebsfrage bei den mit Dampf betriebenen Maschinen darauf an, sie immer nur unter diesem Gesichtspunkt arbeiten zu lassen, sie also möglichst stets so zu belasten, daß sie in bezug auf den Wärmeverbrauch ein günstigstes Ergebnis haben. Die wirtschaftlich günstigste Belastung für die Dampfturbine ist die dauernde Höchstbelastung, — sie ist nicht mit der vorübergehend zulässigen Höchstleistung zu verwechseln —, für die Kolbendampfmaschinen die normale Dauerleistung oder die Normalleistung, der Belastungsgrad, bei dem die Kolbendampfmaschine in bezug auf den Wärmeverbrauch am günstigsten und ohne unzulässige Erwärmung der Triebwerkteile beliebig lange arbeitet, und der unterhalb der dauernden Höchstleistung liegt. Vom wirtschaftlichen Standpunkte aus ist es also nicht zweckmäßig, die Maschinen dauernd abweichend von ihrer günstigsten Belastung laufen zu lassen, und zwar ist eine Unterbelastung ebenso schädlich wie eine Überbelastung. Am ungünstigsten liegen die Verhältnisse bei Betrieben, bei denen die gesamte Leistung in einer einzigen Maschine erzeugt wird und namentlich dann, wenn sie mit Sattdampf betrieben wird. Bei Verteilung auf zwei oder mehrere Maschinen ist stets die Möglichkeit gegeben, bei geringerer Belastung eine oder mehrere Maschinen auszuschalten, so daß die übrigen unter günstigeren Belastungsverhältnissen betrieben werden können. Dasselbe ist bei einer Belastungszunahme der Fall, da sich die Mehrleistung auf mehrere Maschinensätze verteilt. Je geringer nämlich die Belastung ist, um so größer wird der Wärmeverbrauch für die Einheit der Leistung, um so schlechter ist der Gesamtwirkungsgrad der Anlage (bei leerlaufenden Maschinen sinkt er bis auf Null herab). Desgleichen tritt eine Steigerung des spezifischen Wärme- und Brennstoffverbrauches bei Überschreitung der günstigsten Belastung ein, und zwar bei der Sattdampfkolbenmaschine mehr als bei der Heißdampfmaschine — im besonderen der Lokomobile, weil bei ihr auch gleichzeitig der Grad der Überhitzung zunimmt — sowie bei der Turbine.

Die zeichnerische Darstellung Abb. 3 gibt die mittlere prozentuale Zunahme des Dampfverbrauches für die PSn-st bei teilweise belasteter ortsunveränderlicher Kolbendampfmaschine an. Bei Heißdampfbetrieb verläuft die Kurve zwischen der Normalleistung und 1,25 wesentlich flacher.

Der schädigende Einfluß einer Über- und Unterbelastung auf den Dampfverbrauch bei einer Turbine ist aus der oben aufgeführten Zusammenstellung über Versuche mit der auf der Reichswerft Wilhelmshaven befindlichen Parsonsturbine (Seite 32) und aus folgenden Versuchsergebnissen mit einer doppelstufigen Kondensationsturbine von 50 PSn Leistung bei 3000 minutlichen Umdrehungen und einem mittleren Dampfdruck von 9 Atm. absolut zu ersehen.*)

Dampfspannung in kg/qcm absol.	Umdrehungen in der Minute	Kondensationsdruck in kg/qcm absol.	Wirkungsgrad der Turbine	PSn der Turbine	Dampfverbrauch je PSn-st in kg	
10,33	3363	0,135	82 v.H.	66,9	9,35	Überlastung
10,1	3181	0,125	83 „	59,3	9,02	Normallast
8,36	3282	0,115	79,2 „	47,2	9,55	3/4 Belastung
7,25	3191	0,13	65 „	37,6	10,4	1/2 Belastung
4,3	3178	0,12	53,5 „	19,6	12,8	1/4 Belastung

Die mittlere prozentuale Zunahme des Dampfverbrauches für die PSn-st bei teilweise belasteten Mehrstufen-Dampfturbinen

*) „Glückauf" 1906.

zeigt Abb. 4 und zwar bezieht sich die Kurve *a* auf Turbinen mit reiner Drosselregulierung und Kurve *b* mit selbsttätiger Düsenregulierung.

Betriebstechnisch ist es allerdings ein besonderer Vorteil der Kolbendampfmaschine, daß sie eine größere Leistungsreserve bis zu etwa 40 bis 50 v. H. der Normalleistung hat und daher stark überlastet werden kann; aber eine zu häufige Überlastung hat

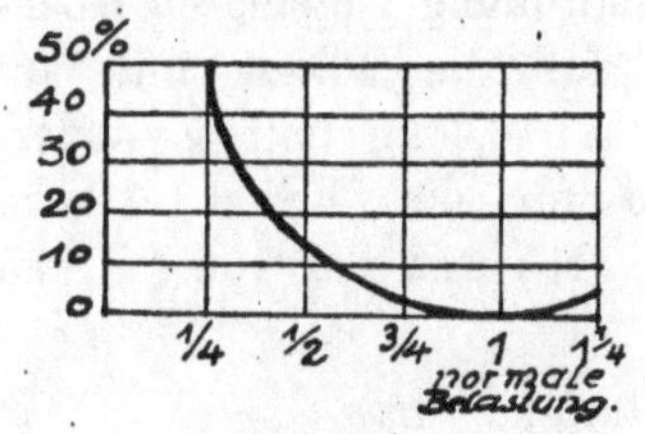

Abb. 3.

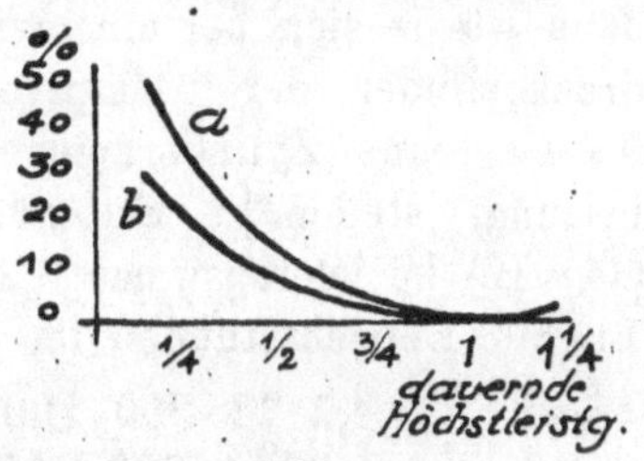

Abb. 4.

neben einer ungünstigen Wärmeausnutzung infolge der unvermeidlichen größeren Reibungswiderstände und der auftretenden Stöße auch eine schnellere Abnutzung der aufeinander gleitenden Teile und eine Gefährdung des Aufbaues (Auslaufen der Lager u. a. m.) zur Folge. Außerdem ist es als ein Nachteil dieser Leistungsreserve zu betrachten, daß sich ein fehlerhaftes Arbeiten der Maschinen nicht so leicht bemerkbar macht, und daß es daher vom Bedienungspersonal oft nicht ohne weiteres wahrgenommen wird. Nicht selten wird aber ein ordnungsgemäßes Arbeiten auf Grund der Überlastungsfähigkeit in Kauf genommen und seine Beseitigung länger hinausgeschoben, als es im Interesse eines wirtschaftlichen Arbeitens der Anlage wünschenswert ist. Denn die Folge eines fehlerhaften Arbeitens ist stets ein Rückgang der Leistung und bei gleichen Leistungen ein Mehrbedarf an Dampf bzw. an Brennstoff. Aus diesem Grunde allein schon ist es zweckmäßig, in streng geregelter Folge jede Anlage einer gründlichen Reinigung und Untersuchung zu unterziehen und hierbei gegebenenfalls Ventile nachzuschleifen, Lagerschalen paßrecht nachzuarbeiten, Stopfbüchsen und andere wichtigen Teile nachzusehen, sowie bei Kolbendampfmaschinen die Einstellung der Steuerung, deren richtiges und falsches Arbeiten von außen nicht ohne weiteres wahrgenommen werden kann, und den Kolben auf seine Dichtigkeit zu prüfen.

Bei Dampfmaschinen, die dauernd überlastet werden müssen, sollte man aus wärmewirtschaftlichen Gründen sich nicht scheuen, gegebenenfalls eine der Überlastung entsprechende besondere Wärmekraftmaschine aufzustellen, oder aber sie z. B. in eine Reihenmaschine umzubauen. Braucht beispielsweise eine Einzylindermaschine von 100 PSn ohne Heizung des Zylinders 14,3 kg und mit Zylinderheizung 11,9 kg Dampf für die PSi-st, dann würde sich bei einem in Reihenordnung zugefügten Hochdruckzylinder der Dampfverbrauch für die PSi-st nur auf 9,4 kg (ohne Zylinderheizung) und auf 8,7 kg (mit Zylinderheizung) stellen.*) Es würde also für die PSi-st 4,9 kg (34 v. H.) beziehungsweise 3,2 kg (27 v. H.) und bei 100 PS und 11 · 300 Betriebsstunden im Jahre

$$4{,}9 \cdot 11 \cdot 300 \cdot 100 = 1617000 \text{ kg bzw.}$$
$$3{,}2 \cdot 11 \cdot 300 \cdot 100 = 1056000 \text{ kg Dampt}$$

gespart werden. Bei 8-facher Verdampfung entspricht dies einer jährlichen Ersparnis an Kohlen von $\frac{1617000}{8} = 202125$ kg bzw. $\frac{1056000}{8} = 132000$ kg und bei einem Kohlenpreise von nur 17 *M* für 1000 kg einem Werte von 3436 *M* bzw. 2244 *M*.

Für die Wirtschaftlichkeitsfrage einer mit Dampf betriebenen Maschinenanlage ist der stündliche Dampfverbrauch für die Leistungseinheit maßgebend.

Es ist deshalb stets danach zu trachten, mit einem Mindestverbrauch an Dampf auszukommen und zwar vor allem durch Einhalten des bestimmten Dampfdruckes, gegebenenfalls des vorgeschriebenen Überhitzungsgrades und des gleichbleibenden Gegendruckes sowie des richtigen Füllungsverhältnisses, der richtigen Dampfverteilung in der Maschine und durch einwandfreies Arbeiten der Steuerungsteile — durch eine auf Abnutzung oder falsche Einstellung äußerer Steuerungsteile zurückzuführende Undichtigkeit des Dampfeinlaßventiles kann z. B. auch während des Ausströmungsabschnittes Dampf in den Zylinder einströmen, wodurch nicht nur der Unterdruck auf der entsprechenden Kolbenseite nicht unwesentlich verringert, sondern auch die Kompression übermäßig erhöht wird. Oft werden absichtlich die Auslaßventile

*) Perry-Meuth, „Die Dampfmaschine“.

auf ein zu frühes Schließen eingestellt, um einen höheren Kompressionsdruck und dadurch einen ruhigeren Gang der Maschine zu erreichen, was natürlich eine schlechte Dampfverteilung und eine Verschlechterung des Wirkungsgrades zur Folge hat. Bei zu hoch getriebenen Kompressionsspannungen kann sogar ein Teil des Dampfes über das Sicherheitsventil ins Freie gelangen. Lediglich durch ein richtiges Einstellen der Ein- und Auslaßventile konnten bei einer Dampffördermaschine der Gelsenkirchener Bergwerksgesellschaft eine Dampfersparnis von 40 v. H. erzielt werden.

Welchen Einfluß beispielsweise ein ungleichmäßiger Kondensationsdruck oder eine schwankende Überhitzung auf den Dampfverbrauch hat, zeigt folgendes Beispiel einer Verbunddampfmaschine, die mit Dampf von einer Spannung von 8—12 Atm. Überdruck betrieben wird. Bei Sattdampf und guter Kondensation ist der Dampfverbrauch für die PSn-st 6,5 bis 6,9 kg; bei schlechter werdender Kondensation steigt der Dampfverbrauch, bis die Maschine bei Auspuffbetrieb einen Verbrauch an Dampf von 9,1 bis 11,8 kg für die PSn-st erreicht hat. Wird der Dampf bis auf 300° C überhitzt, dann nimmt bei derselben Spannung der Dampfverbrauch bis auf 5,1 bis 8,1 kg (mit Kondensation) bzw. bis auf 7,0 bis 9,2 kg (ohne Kondensation) für die PSn-st ab.

Bei der oben angeführten doppelstufigen Versuchsturbine von 50 PSn Leistung (Seite 34) steigt bei einer minutlichen Umlaufzahl von 3181 der Dampfverbrauch für die PSn-st von 9,02 auf 16,02 kg und die Leistung nimmt auf etwa 21,8 PSn d. h. auf 50 v. H. der Normalleistung ab, wenn die Turbine statt mit einem Kondensationsdruck von 0,125 kg/qcm absolut mit einem Gegendruck von 1 kg/qcm absolut arbeitet.

Gegenüber einem Kondensationsbetrieb kann der Mehrverbrauch an Dampf bei Kolbendampfmaschinen mit Auspuffbetrieb mit rund 40 v. H., bei Dampfturbinen sogar mit 100 bis 140 v. H. angenommen werden, weil bei der Dampfturbine der Dampf im Unterdruckgebiet infolge des größeren spezifischen Dampfvolumens und der geringeren Dampfdichte vorteilhafter ausgenützt wird als bei den Kolbendampfmaschinen.

Bei Dampfkraftanlagen wird bekanntlich die bei der Verbrennung freiwerdende Wärme erst auf dem Umwege der Dampferzeugung in mechanische Energie umgesetzt, d. h. infolge des notwendigen Energievermittlers Dampf und der Zwischenglieder Dampfkessel und Rohrleitung, sowie überhaupt infolge des unvollkommenen Arbeitsprozesses wird nur ein kleiner Bruchteil (je nach dem Grade der Vollkommenheit 4 bis 18 v. H.) der im Brennstoff enthaltenen Wärme in mechanische Nutzarbeit um-

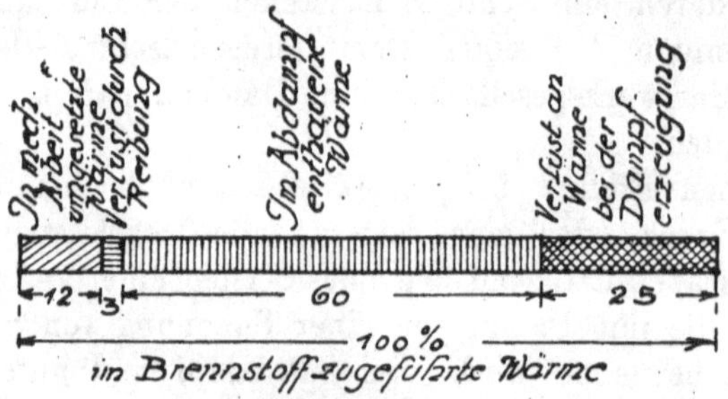

Abb. 5.

gewandelt. In Abb. 5 ist die ungefähre Wärmeverteilung bei einer Kolbendampfmaschinenanlage zeichnerisch dargestellt.

Nur ein verhältnismäßig kleiner Teil der entwickelten Wärme geht in der Anlage selbst verloren, der größte Teil des Wärmeverlustes dagegen ist der Wärmemenge zuzuschreiben, die im Abdampf unausgenutzt die Maschine verläßt (in der Hauptsache die innere Verdampfungswärme). Vernachlässigt man beispielsweise die Wärmeverluste durch Strahlung und Leitung im Dampfzylinder, und nimmt man den Verbrauch an Dampf von 12 kg/qcm absolut mit 8 kg für die indizierte Pferdestärke an, dann wird dem Zylinder für 1 PSi-st eine Wärmemenge zugeführt von $668{,}08 \cdot 8 = 5344{,}64$ WE. Wird der Dampf auf 300° C überhitzt, dann beträgt die für eine PSi-st zugeführte Wärmemenge $[668{,}08 + (300 - 187) \cdot 0{,}54] \cdot 8 = 5832{,}8$ WE. Da das Wärmeäquivalent einer indizierten Pferdestärke $\frac{75 \cdot 60 \cdot 60}{427} = 632$ WE ist, d. h. für jede indizierte Pferdestärke nur 632 WE benötigt werden, so ergibt sich der Betrag an Abwärme für je 1 kg Sattdampf zu $\frac{5344{,}6 - 632}{8} = 589$ WE und bei überhitztem Dampf zu $\frac{5819{,}2 - 632}{8} = 650$ WE.

Bei dem Dampfturbinen-Kraftwerk Louisenthal der Bergwerksdirektion in Saarbrücken,*) das aus drei Turbinen von je 4500 PS bei Heißdampf von 12 Atm. absolutem Druck und 300° C Überhitzung besteht, war die Gesamtleistung in einem Betriebsjahr mit insgesamt 11307 Betriebsstunden 19963000 KW-st. Der Kohlenverbrauch belief sich auf 2114000 kg im Werte von 244430 ℳ (1000 kg = 12 ℳ). Da zur Erzeugung von 1 PS eine Wärmemenge von 632 WE erforderlich ist und 1 PS = 0,736 KW sind, d. h. dem Wärmebedarf von 1 KW = $\frac{632}{0,736}$ = 858 WE entsprechen, so war der Wärmewert der Gesamtleistung $\frac{19963000}{858}$ = 17160 Mill. WE, und die hierfür aufgewendete Wärme betrug bei einem Heizwert der Kohle von 6300 WE/kg $\frac{2114000}{6300}$ = 133300 Mill. WE. Durch die Oberflächenkondensatoren jeder Turbine gingen stündlich 1000 cbm Kühlwasser, die sich im Mittel um 10° C erwärmten. Es wurden also an das Kühlwasser stündlich 10 Millionen WE und in dem betreffenden Betriebsjahr 10 · 11307 = 113070 Mill. WE abgegeben, die einem Kohlenverbrauch von $\frac{113070000000}{8300}$ = 18000000 kg und einem Werte von $\frac{12 \cdot 18000000}{1000}$ = 216000 ℳ entsprachen. Von der insgesamt aufgewendeten Wärmemenge von 133300 Millionen WE wurden also nur 17160 Millionen WE, d. h 12,9 v. H ausgenutzt, und von dem Wärmeverlust von 133300 — 17160 = 116140 WE gingen allein durch das Kühlwasser 131070 Millionen WE (84,8 v. H. der Gesamtwärme) verloren.

Für eine Dampfkraftanlage ist es deshalb von höchster wirtschaftlicher Bedeutung, neben einem sparsamen Dampfverbrauch die Wärmewirtschaft dadurch zu verbessern, daß man möglichst große Teile der im Abdampf steckenden, bis zu 60 v. H. der zugeführten Brennstoffwärme und 80 bis 90 v. H. der Frischdampfwärme ausmachenden Wärme noch anderweitig nutzbringend zu verwerten sucht, damit die auf die Leistungseinheit bezogenen Dampfkosten und somit auch die Betriebskosten herab-

---

* „Glückauf" 1910.

gemindert werden können. Jede Verwertung des Abdampfes führt zu Ersparnissen und zwar um so mehr, je teurer der Brennstoff ist. Sie stellt eine Verminderung der Brennstoffkosten um den Geldwert der nutzbar verwendeten Abwärme dar, die in einer Kraftmaschine bereits Arbeit geleistet hat, so daß dadurch nicht selten verhältnismäßig sehr geringe Kosten für die Krafterzeugung erzielt werden. In Abb. 6 ist die durch Ausnutzung des Abdampfes erreichbare Verminderung des Dampfverbrauches

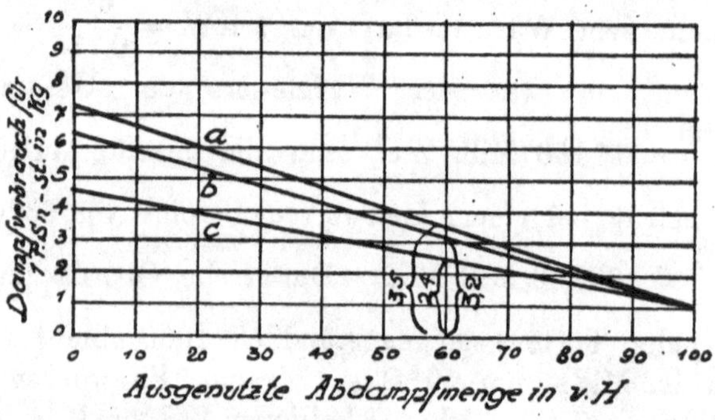

Abb. 6.

für die Krafterzeugung bei einer Einzylinder-Heißdampf-Auspufflokomobile (Abb. 6, *a*), bei einer Verbund-Heißdampf-Auspufflokomobile (Abb. 6, *b*) und bei einer Verbund-Heißdampf-Kondensationslokomobile (Abb. 6, *c*) nach einem in den Monatsblättern des Berliner Bezirkvereins deutscher Ingenieure im Mai 1918 veröffentlichten Vortrag von Heimann zeichnerisch dargestellt.

Aus der Darstellung ist zu ersehen, daß bei Nichtverwertung des Abdampfes der Dampfverbrauch bei der Einzylindermaschine 7,2 kg, für die Verbund-Auspufflokomobile 6,5 kg und für die Verbund-Kondensations-Lokomobile 4,6 kg für 1 PSn-st beträgt, und daß beispielsweise bei 60 v. H. der Abdampfausnutzung für die Krafterzeugung bei der ersten Maschine 3,5 kg Dampf, für die zweite Maschine 3,2 kg und für die Kondensationsmaschine nur 2,4 kg Frischdampf in Betracht kommen. Die Abbildung zeigt ferner, daß, wenn der Abdampf restlos ausgenutzt werden würde, bei allen drei Maschinen der Dampfverbrauch nur rund 1 kg beträgt.

Der Abdampf kann für die verschiedensten Zwecke Verwendung finden; so zum Beispiel unter Einschaltung eines

Wärmespeichers zur Arbeitsleistung in Abdampfturbinen oder für Warmwasserbereitung, künstliche Trocknung, für Koch-, Heiz- und andere Zwecke, für die sonst in Kesselanlagen mit Aufwand besonderer Brennstoffmenge Dampf erzeugt werden müßte. Mit 1 kg Abdampf kann man beispielsweise in Speisewasservorwärmern bis zu 7 kg Wasser verhältnismäßig mühelos von 10° C bis auf 80 oder 90° C erwärmen, da bei 1 kg Abdampf bei mittelbarer Beheizung rund 500 bis 550 WE ausgenutzt

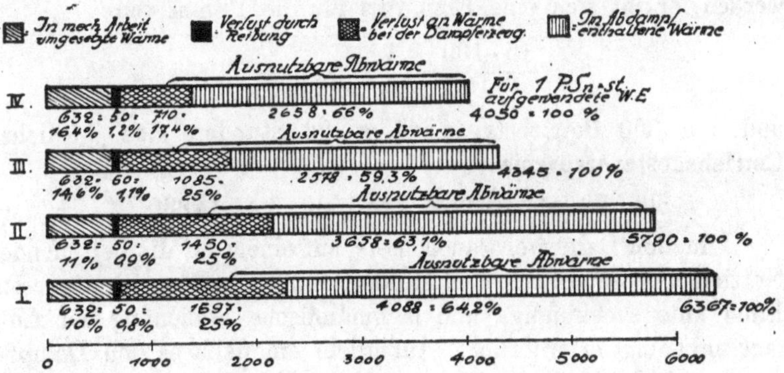

Abb. 7.

werden können. Durch eine solche sinngemäße Verwandlung von Abwärme in Nutzwärme können bei einer vollkommenen Dampfkraftanlage bis zu 70 bis 80 v. H. der im Brennstoff steckenden Wärmemenge für Kraft- und Wärmeversorgung verwertet werden, gegenüber einer Ausnutzung der Wärme in der Dampfmaschine allein von 4 bis höchstens 18 v. H. In Abb. 7 ist die gesamte ausnutzbare Abwärme bei einer Einzylinder-Heißdampf-Auspufflokomobile (Abb. 7, *I*), bei einer Verbund-Heißdampf-Auspufflokomobile (Abb. 7, *II*), bei einer Verbund Heißdampf-Kondensationslokomobile ohne Abgasvorwärmer (Abb. 7, *III*) und bei einer Verbund-Heißdampf-Kondensationslokomobile mit Abgasvorwärmer (Abb. 7, *IV*) nach dem oben erwähnten Vortrag von Heimann zeichnerisch dargestellt. Die Angaben der ausnutzbaren Wärme setzen jedoch voraus, daß das betreffende Niederschlagswasser wieder zur Speisung des Kessels verwendet wird

Werden zum Beispiel bei einer Kolbendampfmaschine von 500 PSn für die PSn-st 0,6 kg Kohlen mit einem Heizwert von 7500 WE/kg gebraucht (bei kleineren Maschinen steigt der Kohleverbrauch für die PSn-st bis auf 5 kg), dann ist der Wärmeverbrauch für die PSn-st 0,6 · 7500 = 4500 WE, und die Kohlenkosten würden sich bei einem Preise von nur 15 ℳ für 1000 kg auf $\frac{15 \cdot 100 \cdot 0{,}6}{1000} = 0{,}9$ ₰ für die PSn-st belaufen. Unter der Annahme, daß 50 v. H. der im Brennstoff steckenden Wärmemenge, d. h. 0,5 · 4500 = 2250 WE noch anderweitig ausgenutzt werden, ergibt sich eine Ersparnis für die PSn-st von

$$\frac{15 \cdot 100 \cdot 0{,}3}{1000} = 0{,}45 \text{ ₰}$$

und bei 300 Betriebstagen zu je 22 Stunden eine jährliche Betriebskostenersparnis von

$$300 \cdot 22 \cdot 500 \cdot 0{,}45 = 1\,483\,000 \text{ ₰} = 14\,830 \text{ ℳ}.$$

Um den Dampfverbrauch stets auf einem für die betreffende Nutzleistung entsprechenden Mindestmaß zu halten, ist in erster Linie eine sachkundige und fachmännische Bedienung der Anlage unbedingt erforderlich. Außerdem empfiehlt es sich, Dampfmesser mit Registriereinrichtungen — bei Kolbendampfmaschinen gegebenenfalls in Verbindung mit einem, in regelmäßiger Folge einzuschaltenden Leistungszähler, d. h. einem registrierenden Belastungsanzeiger zur laufenden Feststellung der mittleren indizierten Leistung — anzuordnen, um an Hand der zeichnerischen Darstellungen ein wahrheitsgetreues Bild vom Verbrauch des Dampfes jederzeit zu haben, damit aus der Verbrauchsmenge gleichzeitig auf ein richtiges oder fehlerhaftes Arbeiten der Maschine, auf undichte Stellen in der Rohrleitung oder auf zu starke Niederschläge im Leitungsnetz u. a. m. geschlossen werden kann. Bei Dampfturbinen muß im besonderen ständig darauf geachtet werden, daß der gegebene Dampfüberdruck vor der Turbine und der Unterdruck im Ausströmungsrohr — also das Druckgefälle — für die fragliche Leistung das günstigste ist, denn je größer das ausnutzbare Druck- und daher auch Wärmegefälle ist, um so geringer ist der Dampfverbrauch und um so mehr verringern sich die Betriebskosten. Mit abnehmendem Unterdruck in der Kondensation — und die Turbine erfordert einen möglichst großen Unterdruck — steigt der Dampfverbrauch für die Leistungseinheit nicht unerheblich.

Bei Kolbendampfmaschinen sollen regelmäßig in bestimmten, möglichst kurzen Zeitabschnitten Indikator-Diagramme aufgenommen werden, um an Hand dieser zeichnerischen Darstellungen die Arbeitsvorgänge des Dampfes im Innern beurteilen zu können. Durch Vergleiche mit den fehlerfreien Garantie-Diagrammen, die bei neugelieferten und genau eingestellten Maschinen stets aufzunehmen sind und als Vergleichs-Diagramme immer in dem betreffenden Maschinenbuch verbleiben müssen, soll gegebenenfalls ein Schluß auf das Vorhandensein von plötzlich eingeschlichenen oder allmählich sich entwickelnden Fehlern gefolgert werden können. In leichter Weise kann man aus der Form des Diagrammes die Richtigkeit der von außen nicht ohne weiteres kontrollierbaren Steuerungseinstellung — eine zu frühe oder zu späte Dampfein- und -ausströmung hat stets einen nicht unerheblichen Arbeitsverlust zur Folge — feststellen. Es lassen sich aus den Diagrammen Schlüsse auf die Dichtigkeit der Dampfeinlaß- und auslaßteile und des Dampfkolbens ziehen und die Größe der Dampfkompression und des Unterdruckes im Zylinder ermitteln. Für den Dampfverbrauch ist eine zu hohe Kompression ebenso nachteilig wie ein zu kleiner Unterdruck.

Neben diesen Kontrollmaßnahmen sollten in regelmäßiger Folge eingehende Versuche an der Dampfkraftanlage vorgenommen werden zur Ermittlung der Verlustwerte, die bei der Energieumwandlung von Wärme in mechanische Arbeit unvermeidlich sind, die aber im Interesse eines guten wirtschaftlichen Betriebes möglichst einen gewissen, jeder Maschine eigenen Wert nicht überschreiten sollen. Durch sie lassen sich oft in leichter Weise die Ursachen des unwirtschaftlichen Arbeitens der Anlage auffinden, so daß sofort Maßnahmen zu ihrer Abhilfe getroffen werden können.

Bei diesen Versuchen handelt es sich hauptsächlich um die Ermittlung:

1. des mechanischen Wirkungsgrades η_m, des Verhältnisses der Nutzleistung zur indizierten Leistung, d. h. der von dem Dampf in der Sekunde an den Kolben abgegebenen Arbeit, um ein Maß für den Leistungsbetrag zu erhalten, der durch Eigenwiderstände der Maschine selbst — verwiegend durch unvermeidliche Reibungswiderstände — aufgezehrt wird. Dieser Verlust hängt nicht nur von der guten oder schlechten Ausführung der

Maschine ab, sondern, was für den Betrieb von Wichtigkeit ist, vor allem auch von einer sachgemäßen Schmierung der gleitenden Maschinenteile und dem Grade ihrer Abnutzung.

Neben der Ermittlung von η_m ist bei diesen Versuchen ferner noch zu bestimmen:

2. Der Dampf- bzw. Wärmeverbrauch für die Leistungseinheit, was in einfacher Weise mittels Wägung des Abdampf-Niederschlagwassers, des Speisewassers oder mit Hilfe des mehrfach erwähnten Dampfmessers geschehen kann, wobei bei Heißdampf noch die Überhitzungswärme zu berücksichtigen ist.

3. Der thermische Wirkungsgrad als Maßstab für die Fähigkeit der Maschine, einen mehr oder weniger großen Teil der aufgewendeten Wärme im Zylinder in mechanische Arbeit umzuwandeln; er ist also das Verhältnis der im Zylinder in Arbeit umgesetzten Wärme $Q_1 - Q_2$ zu der hierzu aufgewendeten Wärme Q_1:

$$\eta_t = \frac{Q_1 - Q_2}{Q_1};$$

worin Q_1 die Zudampfwärme, Q_2 die Abdampfwärme bedeutet. Für eine PS-st ergibt sich eine im Zylinder in Arbeit umgesetzte Wämemenge $Q_1 - Q_2$ zu

$$\frac{75 \cdot 60 \cdot 60}{427} = 632 \text{ WE}.$$

Die hierzu der Maschine zugeführte Wärme Q_1 bestimmt sich aus der für die PSi-st erforderlichen Anzahl kg Dampf mal dem Wärmeinhalt von 1 kg des betreffenden Dampfes.

4. Der für den Betrieb hauptsächlich maßgebende wirtschaftliche Wirkungsgrad $\eta_w = \eta_m \cdot \eta_t$.

5. Der Gesamtwirkungsgrad der Dampfanlagen unter Berücksichtigung des Kesselwirkungsgrades $\eta_g = \eta_k \cdot \eta_w$.

Dieser Gesamtwirkungsgrad ergibt sich auch aus dem Verhältnis der in Nutzarbeit umgesetzten Wärmemenge zu der im aufgewendeten Brennstoff enthaltenen Wärme.

Bei den Dampfturbinen handelt es sich bei diesen Informationsversuchen vor allem um die Ermittlung des stündlichen Dampf- und Wärmeverbrauches für die Leistungseinheit, die Nutzpferdestärken- oder Kilowattstunde, sobald — wie es meist der Fall ist — die Turbine einen elektrischen Generator unmittelbar antreibt. Dieser Versuch läßt sich genau so wie bei den Kolbendampfmaschinen durchführen, doch sollten zur Bestimmung der elektrischen Leistung stets nur geeichte Präzisionsapparate oder zum mindesten mit solchen verglichene Instrumente verwendet werden.

Die gefundenen Versuchswerte sollten stets in betreffende Maschinenbücher — und zwar für jede Maschine ein besonderes Buch, in dem auch das Ergebnis der regelmäßig vorzunehmenden Untersuchungen, Ausbesserungen, der Verbrauch an Betriebsstoffen, die Kontrolle über Dampfdruck und Temperatur und dergleichen aufgeführt sind — eingetragen, gegebenenfalls in entsprechende zeichnerische Darstellung eingezeichnet und mit den Garantie- und früher ermittelten Werten verglichen werden. Auch bei kleinen Abweichungen sollte sofort der Ursache nachgegangen werden, was bei einer sachgemäßen Beurteilung keine erhebliche Mühe macht, damit Fehler nach Möglichkeit umgehend beseitigt werden und die Anlage wieder einen möglichst hohen Grad von Betriebssicherheit und ein größtmögliches wirtschaftliches Ergebnis aufweist.

B. Verbrennungskraftmaschinen.

Wenn von einer maschinellen Anlage gesagt wird, daß ihr ordnungsgemäßes und wirtschaftliches Arbeiten von einer sachkundigen und aufmerksamen Wartung abhängt, dann ist dieses ganz besonders von der großen Klasse der Verbrennungskraftmaschinen der Fall. Es sollte daher die Bedienung sowohl der Maschinen für gasförmige wie für flüssige leichtflüchtige und schwerflüchtige Brennstoffe — namentlich der nach dem Dieselverfahren arbeitenden Ölverbrennungsmaschinen, die an das Bedienungspersonal hinsichtlich einer peinlich genauen Aufmerksamkeit und Sorgfalt hohe Anforderungen stellt — nur durchaus geschulten Leuten obliegen. Sie müssen mit der Wirkungsweise und dem Betriebe dieser Wärmekraftmaschinen vollkommen vertraut sein, um jederzeit ein einwandfreies Arbeiten der Maschine bei guter wärmetechnischer Ausnutzung des Brennstoffes zu gewährleisten, zumal der Wärmepreis im allgemeinen nicht unerheblich höher ist als bei Dampfkraftanlagen. Es sei nur angeführt, daß für einen guten wirtschaftlichen Betrieb ein fehlerfreies Arbeiten der Vergaser und der empfindlichen elektrischen Zündeinrichtungen, der Quelle häufiger Betriebsstörungen, sowie des Regulators eine Grundbedingung ist, ferner, daß es von größter Wichtigkeit ist, daß die Luftpumpen, Kühlwasser-, Spül- und Brennstoffpumpen stets einwandfrei laufen. Bei den Gleichdruckmaschinen müssen vor allem die feinen, das Einblasen des zerstäubten Brennstoffes betätigenden Brennstoffnadeln, sowie die Absperrteile stets rein und dicht sein.

Hinsichtlich der Wirtschaftlichkeitsfrage gilt auch für die Verbrennungskraftmaschinen der Grundsatz, daß hierfür hauptsächlich der für die Leistungseinheit benötigte Brennstoffverbrauch maßgebend ist, und daß daher stets danach gestrebt werden muß, bei einem Mindestaufwand an Brennstoff eine möglichst gute Wärmeausnutzung zu erzielen. Den jeweiligen Leistungen muß die mindest erforderliche Brennstoffmenge entsprechen, — bei Verminderung der Leistung muß also auch stets der Verbrauch geringer werden, — und es muß ferner das Gemisch von Brennstoff und Luft immer ein richtiges, günstigstes Verhältnis haben. Zur ständigen Kontrolle und um jederzeit die Möglichkeit zu haben, Nachprüfungen anstellen zu können, wäre es zweckmäßig, wenn man Meßvorrichtungen hätte, die fortlaufend und selbsttätig den Verbrauch an Brennstoff und gegebenenfalls auch des Kühlwassers feststellten und die gefundenen Werte registrierten. Derartige Apparate sind zur Zeit jedoch noch nicht im Gebrauch. Auch ist bei den Verbrennungskraftmaschinen die Ausnutzung der im Brennmaterial aufgespeicherten Wärme immer noch eine unvollkommene, obwohl bei ihnen die bei den Dampfmaschinenanlagen im Kessel und auf dem Wege zur Maschine auftretenden Wärmeverluste in Fortfall kommen, weil die Brenngase nicht erst auf dem Umwege eines entropievermehrenden Zwischenträgers die Wärme für die Energieumwandlung nutzbar machen, sondern unmittelbar im Maschinenzylinder ihre Energie abgeben können.

a) Verpuffungsmaschinen.

Bei den Verpuffungsmaschinen werden nur 17 bis 25 v. H. der im Brennstoff zugeführten Wärme in mechanische Arbeit umgesetzt. Der übrige Teil der Wärmemenge geht hauptsächlich durch die Auspuffgase (etwa 30 v. H.) und durch das durch den

Motor geschickte Wasser zur Kühlung des Arbeitszylinders (in dem Temperaturen bis 1700° C vorkommen) und bei größeren Maschinen auch des Kolbens, der Gestänge, sowie der Auspuffrohre (etwa 35 v. H.) verloren. In Abb. 8 ist die ungefähre Wärmeverteilung einer Gaskraftmaschine zeichnerisch dargestellt.

Bei einer Leuchtgasmaschine mit einem Verbrauch von 0,5 cbm Brennstoff von 5000 WE/cbm für 1 PSn-st beträgt bei-

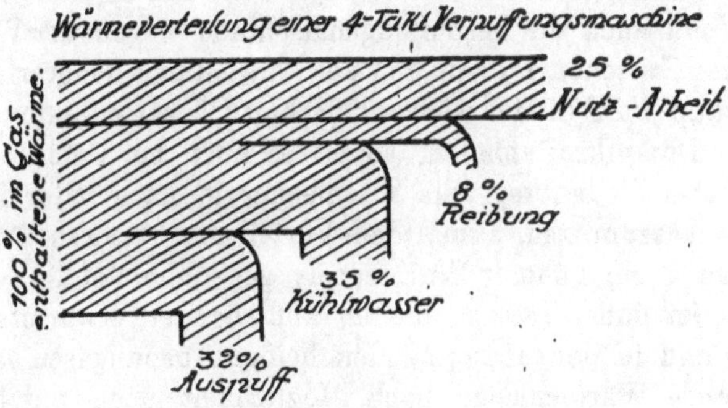

Abb. 8.

spielsweise die für 1 PSn-st aufgewendete Wärmemenge 0,5 · 5000 = 2500 WE, von denen etwa 20 v. H. = 2500 · 0,20 = 500 WE in mechanische Arbeit umgewandelt werden, 30 v. H. = 2500 · 0,30 = 750 WE in den Auspuffgasen und 35 v. H. = 2500 · 0,35 = 875 WE im Kühlwasser enthalten sind. Bei dem Gasmaschinen-Kraftwerk Heinitz der Bergwerksdirektion in Saarbrücken*), das aus 7 Gasmaschinen von einer Gesamtleistung von 11000 PSn besteht (2 mal 2800 PSn; 4 mal 1200 PSn und 1 mal 600 PSn) und bei dem in dem Betriebsjahre 1909—1910 mit 31874 Betriebsstunden 21371725 cbm Koksofengas verbraucht wurden, was bei einem Heizwerte von 4500 WE/cbm einem Wärmewerte von 21371725 · 4500 = 96172762500 WE entspricht, war der Kühlwasserbedarf im Mittel 90 cbm für die Betriebsstunde. Dieses Kühlwasser erwärmte sich um etwa 15° C, so daß der Wärmeverlust durch das Kühlwasser in dem Betriebsjahre sich auf 31874 · 1000 · 90 · 15 = 43029900000 WE belief. Da 25 v. H. der zugeführten Wärme, d. h. 24043190624 WE entsprechend

*) „Glückauf" 1913.

$\frac{24043190624}{4500} = 5393000$ cbm Gas, durch die Auspuffgase verlorengingen, so war der durch das Kühlwasser und die Auspuffgase hervorgerufene Gesamtverlust an Wärme 67073090624 WE bzw. $\frac{67073090624}{4500} = 14893000$ cbm Gas. Bei einem damaligen Preise von 0,6 ₰ je cbm Gas entsprach dieser Wärmeverlust einem Werte von $14893000 \cdot 0{,}6 = 89358000$ ₰ = 89358 ℳ.

Wenn auch die Verpuffungsmaschinen wegen der Verminderung der Zwischenverluste und der Anwendung höherer Anfangstemperatur im Zylinder wärmewirtschaftlich vorteilhafter arbeiten als die Dampfkraftanlagen, so ist es auch bei ihnen von wirtschaftlicher Bedeutung, die Wärmeenergie nach jeder Richtung hin gut auszunutzen, zumal dem Vorteil der besseren Brennstoffausnutzung ein höherer Wärmepreis gegenübersteht.

Es ist daher ratsam, die im abfließenden erwärmten Kühlwasser und in den abströmenden heißen Auspuffgasen steckende bedeutende Wärmemenge nach Möglichkeit noch nutzbringend zu verwerten.

So läßt sich das warme Kühlwasser, das bei kleinen Verpuffungsmaschinen Temperaturen bis zu 70° C und bei den Großgasmaschinen bis zu etwa 50° C hat, für gewerbliche Zwecke aller Art und zwar fast ausschließlich für Heizzwecke (Badeanlagen, Warmwasserheizung, Kesselspeisung u. a. m.) verwenden. Natürlich muß bei diesen verhältnismäßig geringen Temperaturen für einen guten spezifischen Wärmedurchgang durch die Heizkörper Sorge getragen werden, um die im Kühlwasser steckende Abfallwärme möglichst gut auszunutzen. Neuerdings sind Bestrebungen im Gange, die Abwärme des Kühlwassers unmittelbar auch für Kraftzwecke nutzbar zu machen, indem ein Teil des Kühlwassers durch Unterdrucksetzen der Kühlwasserräume der Gasmaschinenzylinder bei Temperaturen von 60—70° C zum Verdampfen gebracht wird. Der auf diese Weise erzeugte Dampf von Unterdruckspannung kann dann in einer Dampfturbine mit Kondensation nutzbringend verwertet werden.*) Durch ein solches Nachschalten einer Dampfturbine hinter einer Gasmaschine wird

*) Versuche von Geh. Josse-Technische Hochschule Charlottenburg. Dinglers polytechnisches Journal 1920.

eine „Zweistoffmaschinenanlage" geschaffen, bei welcher die im Arbeitszylinder der Gasmaschine erzeugte Wärmeenergie erheblich besser ausgenutzt wird.

Die ausströmenden heißen Auspuffgase, deren Ausströmdruck 2 bis 3 at und deren Temperaturen etwa 350 bis 500° C betragen, können zur Erwärmung von Frischwasser — namentlich in Betrieben mit großem Heißwasserbedarf — (Wasserdestillierapparate, Warm- und Heißwasserbereitung), zur Erhitzung von Luft als Wärmeträger für Trockenzwecke und Heizungen und zur Erzeugung von gesättigtem und überhitztem Wasserdampf — und zwar Niederdruck- wie Hochdruckdampf — für Kraft- und chemische Zwecke Verwendung finden. Für eine unmittelbare Verwendung, z. B. Beheizung von Trockenräumen, eignen sich die Auspuffgase jedoch meistens nicht, weil sie vielfach durch Öl, schweflige Säure oder Ruß verunreinigt sind. Bei Abkühlung der Abgase auf etwa 150° C — eine weitere Abkühlung ist nicht zweckmäßig, weil dann der in den Abgasen vorhandene, sich niederschlagende Wasserdampf mit der schwefligen Säure zusammen das Material angreifen würde — können etwa zwei Drittel der in den Abgasen steckenden Wärmemengen noch ausgenutzt werden. Beträgt beispielsweise der für 1 PSn-st einer Sauggasmaschine benötigte Brennstoffverbrauch 0,4 kg Anthracit von einem Heizwerte von 8000 WE/kg, d. h. beläuft sich die für 1 PSn-st aufgewendete Wärme auf $0{,}4 \cdot 8000 = 3200$ WE und sind hiervon 30 v. H. $= 3200 \cdot 0{,}30 = 960$ WE in den Auspuffgasen enthalten, dann können $^2/_3 \cdot 960 = 640$ WE noch nutzbar verwertet werden. Bei dem auf Seite 47 erwähnten Gasmaschinen-Kraftwerk Heinitz findet in richtiger Erkenntnis der wirtschaftlichen Bedeutung der Abwärmeausnutzung die in den Auspuffgasen enthaltene Wärmemenge von etwa 25 Milliarden WE, entsprechend 5,3 Millionen cbm Gas, neuerdings zur Erzeugung von Dampf Anwendung. In Abb. 9 ist die Wärmeverteilung und die ausnutzbare Abwärme bei einer Sauggasmaschine (einschließlich Gaserzeuger) zeichnerisch dargestellt.

Welche Ersparnisse durch Verwertung der im Kühlwasser und in den Auspuffgasen steckenden Wärme erzielt werden können, zeigt folgendes Beispiel einer Verpuffungsmaschine von 2000 PSn.

Unter der Annahme, daß die Maschine für die PSn-st 0,5 cbm Koksofengas von rund 3300 WE benötigt und ihr thermischer Wirkungsgrad 0,20 beträgt, ist die gesamte Verlustwärme

$$0{,}5 \cdot 3300 - \frac{20 \cdot 0{,}5 \cdot 3300}{100} = 1650 - 350 = 1300\ \text{WE}.$$

30 v. H. der im Brennstoff zugeführten Wärme entfallen auf das erwärmte

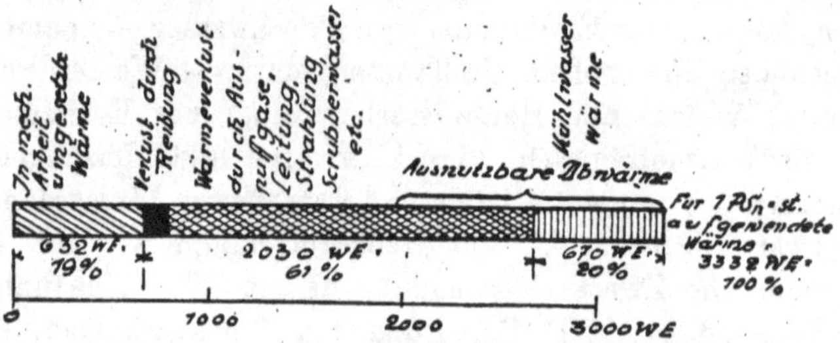

Abb. 9.

Kühlwasser und 35 v. H. auf die heißen Auspuffgase, also insgesamt 65 v. H., d. h.

$$\frac{65 \cdot 1650}{100} = 1073\ \text{WE}.$$

Wird angenommen, daß von diesen 1073 WE bis zu 600 WE für die PSn-st beispielsweise für Heißwasserbereitung verwertbar sind, (eine Erfahrungszahl der Maschinenfabrik Augsburg-Nürnberg), dann beläuft sich bei 300 Betriebstagen zu je 22 Stunden die gesamte nutzbare Abwärme im Jahre auf

$$300 \cdot 22 \cdot 600 \cdot 2000 = 7920000000\ \text{WE}.$$

Würde diese Wärmemenge in einem besonderen Kessel mit einem Wirkungsgrad von 0,70 durch Kohlen erzeugt werden, dann würde sich, wenn der Preis für 1000 kg Kohle von einem Heizwert von 7000 WE/kg nur 15 *M* betrüge, für 10000 WE ein Wärmepreis ergeben von $\frac{10000 \cdot 15}{7000 \cdot 0{,}7 \cdot 1000} = 0{,}03$ *M* = 3 *Pf*. Die jährliche Ersparnis an Betriebskosten durch Verwertung der nutzbaren Abwärme würde sich demnach stellen auf $\frac{7920000000 \cdot 0{,}3}{1000} = 23760$ *M*. Bei den heutigen schwankenden, erheblich höheren Brennstoffpreisen sind die Ergebnisse natürlich wesentlich günstiger. Zur zweckdienlichen Verwertung der Abwärme größerer Verpuffungsmaschinen hat zum Beispiel die

Maschinenfabrik Augsburg-Nürnberg sogenannte Abwärmeverwerter — liegende und stehende Dampfkessel (ausziehbare Röhrenkessel) für Spannungen bis zu 15 at in Verbindung mit Überhitzer und Vorwärmer — auf den Markt gebracht, durch welche die Wirtschaftlichkeit der Verpuffungsmaschinen um ein ganz bedeutendes verbessert werden kann. Nach Angaben der Firma beträgt die in einem solchen Abwärmedampfkessel erzeugte Dampfmenge bei einer Dampftemperatur von 350° C und einer Dampfspannung von 8 bis 15 Atm. etwa 0,7 bis 0,8, im Mittel also 0,75 kg, für die PSn-st, so daß bei einer Maschine von 2000 PSn und einer Jahresbetriebszeit von 300 · 22 = 6600 Stunden (300 Betriebstage zu je 22 Stunden) eine Dampfmenge von 0,75 · 2000 · 6600 = 9900000 kg sich ergibt. Wird ein Dampfpreis von nur 0,2 ₰ für 1 kg Dampf angenommen, dann beträgt die durch die Verwertung der Abwärme erzielte Ersparnis 9900000 · 0,2 = 1980000 ₰ = 19800 ℳ. Nach Angaben von Gentsch*) konnten bei einer Leuchtgasmaschine von 1250 PSn Leistung und 100 minutlichen Umdrehungen in einem Abwärmeverwerter mit der Abwärme der Abgase Wasserdampf von 8 Atm. Spannung erzeugt werden und zwar für 1 PSn-st 0,875 kg von 660 WE, für 1250 PSn also 1093,75 kg Dampf in der Stunde. Bei demselben Dampfpreis von 0,2 ₰ für 1 kg Dampf ergibt sich eine jährliche Ersparnis bei 6600 Betriebsstunden von 1093,75 · 0,2 · 6600 = 1456580 ₰ = 14566,8 ℳ. Bei der Gaskraftanlage Bergmannsglück**), die aus 6 mit Koksofengas betriebenen Verpuffungsmaschinen von je 2350 PSn besteht, werden mit der Abgaswärme in einen Abwärmeverwerter (M. A. N.) noch für jede KW-st 1 kg hochgespannter überhitzter Wasserdampf erzeugt, mit dem in einer Dampfturbine bei einem Verbrauch von 8 kg je KW-st noch 0,125 KW-st gewonnen werden. Der Wärmeverbrauch, der bei der Gasmaschine für 1 KW-st sich auf 3500 WE beläuft, beträgt für die Gesamtanlage mit Ausnutzung der Abgaswärme nur 3100 WE für jede KW-st. Auf eine Gasmaschinenleistung von je 8000 KW kommt eine 1000 KW-Dampfturbine aus der Abfallwärme. Der nicht unerhebliche Betrag an Abwärme des Kühlwassers wird hierbei nicht ausgenutzt.

Allgemein darf gesagt werden, daß bei einer Annahme

*) Z. d. V. d. I. 1916.

**) Z. d. V. d. I. 1919.

des thermischen Wirkungsgrades von 25 v. H. einer Gaskraftmaschine (Abb. 8) der thermische Wirkungsgrad auf 29 v. H. gesteigert werden kann, wenn die Abgaswärme mit verwertet wird, dahingegen auf 33 v. H., wenn Abgas- und Kühlwasserwärme noch ausgenutzt werden.

Die wirtschaftlich günstigste Belastung für die Verpuffungsmaschinen ist die dauernde Höchstbelastung, die nur wenig unterhalb der vorübergehend zulässigen Höchstleistung liegt. Aus wirtschaftlichen Gründen ist es nicht zweckmäßig, — obwohl das in der Praxis nicht immer geht — die Maschinen abweichend von ihren günstigsten Belastungsstufen laufen zu lassen, weil nur bei diesen Belastungen die auf die Leistungseinheit kommende Brennstoffmenge auf das Mindestmaß gebracht werden kann. Bei jeder anderen Belastung wird die aufgewendete Brennstoffmenge nicht so gut ausgenutzt, so daß sich dann naturgemäß der Energieverbrauch und demgemäß auch die Betriebskosten erhöhen.. Vor allem weisen die Sauggasanlagen bei Abweichung von der günstigsten Belastungsstufe eine sehr beträchtliche Zunahme des Brennstoffverbrauches auf. Ganz besonders ist dieses bei allen Kleinmotoren der Fall, weil bei ihnen der auf 1 PSn-st bezogene Energieaufwand an sich schon größer ist als bei größeren Anlagen. Mit wachsender Maschinengröße nehmen der Energieaufwand und demnach auch die Brennstoffkosten für die Leistungseinheit ab.

Nach Güldner („Verbrennungskraftmaschinen“) ändert sich beispielsweise der Brennstoffverbrauch bei Sauggasmaschinen für Anthracit mit einem unteren Heizwert von 8000 WE/cbm bei Teillast wie folgt:

Leistung in PSn	Anthrazit Hu = 8000 WE			
	Belastung			
	volle	3/4	1/2	1/4
10/15	650	800	960	1250
15/20	580	750	900	1150
20/55	500	630	750	1000
55/70	450	570	690	900
70/100	425	530	650	860
über 100	400	500	600	800

Den ungefähren Brennstoffverbrauch von Leuchtgasmaschinen bei Teillasten bezogen auf einen unteren Heizwert Hu = 5000 WE/cbm ergibt folgende Zusammenstellung:

Dauernde Höchstleistung in PSn	Gasverbrauch in Litern		
	für 1 PSn-st		für 1 Std.
	bei Vollast	bei $^1/_2$ Last	im Leerlauf
2	625	925	700
10	510	700	2 000
20	480	650	3 900
30	450	625	5 200
40	450	625	7 000
50	450	625	8 500
100	450	625	16 000
150	450	625	23 000

Als Mittelwert an Mehrverbrauch von Brennstoff bei Leuchtgas- und Sauggasmaschinen für 1 PSn-st bei Teillasten gegenüber Vollast gibt Güldner an:

Ungefähre Belastung:	$^3/_4$	$^2/_3$	$^1/_2$	$^1/_3$	$^1/_4$	Mehrverbrauch für 1 PSn-st gegenüber Vollast
Leuchtgasmaschinen:	10	20	35	60	90 v. H.	
Sauggasmaschinen:	20	30	50	75	100 „	

Bei Benzinmotoren bezogen auf einen Brennstoffheizwert von $H_\mu = 11000$ WE/kg und einem spezifischen Gewicht $\gamma = 0,7$ stellt sich der Verbrauch bei Voll- und Teillast auf:

PSn	Vollast für 1 PSn-st g	$^1/_2$ Last für 1 PSn-st g	Leerlauf für 1 Stunde g
2	360/390	770	600
3	240/380	510/600	880/1100
6	300/340	410/470	880/1100
10	300/340	420/470	1300/1900
14	290/340	410/460	2400/2700
20	290/330	390/430	3000/3300
25	280/310	370	3220/3500
30	270/300	340	4200

Da die Verpuffungsmaschinen mit ihrer dauernden Höchstleistung als günstigste Belastung im Gegensatz zu den Kolbendampfmaschinen keine große Energiereserve haben (sowohl bei den mit gasförmigen, wie auch bei jenen mit leichtflüchtigen flüssigen Brennstoffen arbeitenden Maschinen nur bis zu höchstens 10 v. H. der normalen Belastungsstufe), so können sie und namentlich die Kleinmotoren auch nicht dauernd stark überlastet werden. Eine Ausnahme bildet nur die sogenannte, weiter unten erwähnte Hochleistungsgasmaschine. Arbeitet beispielsweise eine gewöhnliche Viertaktmaschine bei ihrer dauernden Höchstleistung mit einem mittleren Kolbendruck von 5,0 kg/qcm, der vorübergehend auf 5,5 kg/qcm erhöht werden kann, dann wird, wenn die Maschine mit dem größeren Kolbendruck dauernd belastet wird, eine nicht unbedeutende Erhöhung der Zylindertemperatur eintreten, die zu Betriebsstörungen führen muß. In betriebstechnischer Beziehung ist die geringe Überlastungsfähigkeit fraglos ein Nachteil der Verpuffungsmaschine, in wirtschaftlicher Beziehung hat sie aber das Gute, das sich ein fehlerhaftes Arbeiten durch Rückgang der Leistung leichter bemerkbar macht und Veranlassung gibt, umgehend Abhilfe zu schaffen. Es kann also bei ihnen nicht mit Bewußtsein die Beseitigung von Fehlern auf Kosten einer größeren Energiereserve länger hinausgeschoben werden, als es im Interesse eines wirtschaftlichen Arbeitens der Maschinen wünschenswert ist. Nicht selten arbeiten Verpuffungsmaschinen zur Erzielung einer größeren Überlastbarkeit absichtlich unterbelastet — so schwankt die Durchschnittslast beispielsweise bei Gasmaschinen großer Hüttenwerke erfahrungsgemäß um 70 v. H. der dauernden Höchstleistung — und zwar mit einem nicht geringen erhöhten Brennstoffverbrauch für die Leistungseinheit, so daß bei ihnen zwischen dieser Normalleistung und der Höchstlast, also bei einer Überlastung, der spezifische Brennstoffverbrauch zunächst abnimmt. In betriebstechnischer Hinsicht ist eine solche Normalbelastung oft zweckmäßig, in wirtschaftlicher Beziehung gehen aber in solchen Fällen die wärmetechnischen Vorzüge der Gasmaschinen gegenüber den Dampfmaschinen nicht selten verloren. Die Abb. 10 zeigt den Wärmeverbrauch für verschiedene Belastungen einer Verpuffungsmaschine.

Aus dem Schaubild, das Durchschnittswerte aus in den letzten Jahren veröffentlichten Versuchen darstellt, ist deutlich zu ersehen, wie stark der Wärmeverbrauch mit abnehmender Belastung zunimmt. Bei der halben Belastung ist beispielsweise der Brennstoffbedarf etwa 1,31 mal so groß, wie bei der dauernden Höchstleistung.

In Kraftwerken mit starken Leistungsschwankungen sollte man deshalb neben den ständig unter Vollast laufenden Verpuffungsmaschinen mit ihrem günstigsten Brennstoffverbrauch für die Leistungseinheit Dampfmaschinenanlagen für die schwankenden Belastungsspitzen anordnen.

Gegenüber den gewöhnlichen Verpuffungsmaschinen lassen die in letzter Zeit zur Einführung gekommenen sogenannten Hochleistungsmaschinen der Firma Erhard & Sehmer in Saarbrücken eine wesentlich größere Überlastbarkeit zu, weshalb sie hauptsächlich da am Platze sind, wo stark wechselnde Be-

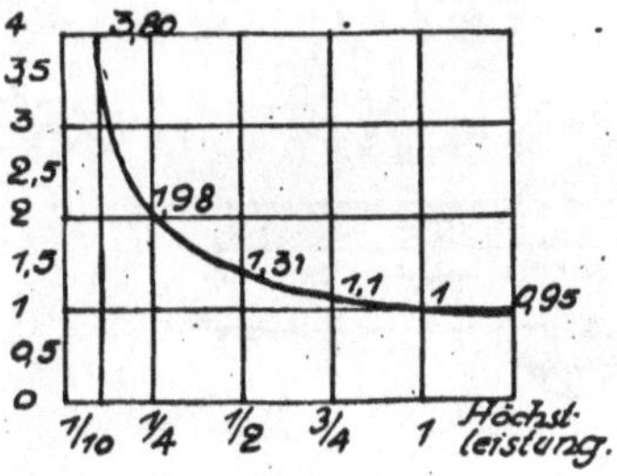

Abb. 10.

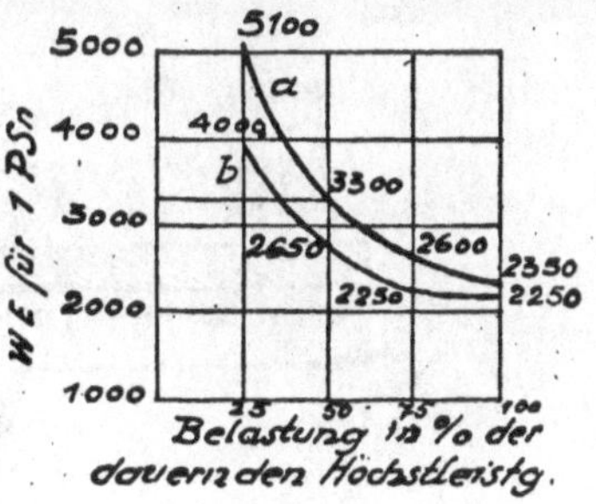

Abb. 11.

lastungen vorliegen, z. B. bei Walzenzugmaschinen. Der Grundgedanke der Arbeitsweise dieser Hochleistungsgasmaschinen beruht vor allem auf der Erhöhung des Ladegewichtes der Maschinen und der Verbesserung der Zusammensetzung des Gemisches, indem das Luftgasgemisch durch ein Turbogebläse unter einen Druck von 150 bis 200 mm Wassersäule gesetzt und, nachdem Druckluft die verbrannten schädlichen Abgase aus dem Zylinder hinausgespült hat, dem Zylinder mit diesem erhöhten Druck zugeführt wird. Da die Verbrennung sich auch bei Teillasten der Maschine schnell und sicher vollzieht, so braucht sie bei geringeren Leistungen im Gegensatz zu den gewöhnlichen Verpuffungsmaschinen nicht mehr Gas als der Leistung entspricht, d. h. bei fallender Leistung nimmt der Wärmeverbrauch der Hochleistungsgasmaschine nicht so schnell zu wie bei der Verpuffungsgasmaschine mit normalem Arbeitsverfahren. In Abb. 11

ist der Wärmeverbrauch für gleiche Belastungen bei einer gewöhnlichen Verpuffungsmaschine (Kurve *a*) und bei einer gleichgroßen Hochleistungsgasmaschine (Kurve *b*) nach Erhard & Sehmer zeichnerisch dargestellt.

Man ersieht aus diesem Schaubild, daß der Wärmeverbrauch der Hochleistungsgasmaschine bis zu etwa 75 v. H. der Belastung sich nicht wesentlich ändert.

b) Nach dem Dieselverfahren arbeitende Ölverbrennungsmaschinen (Gleichdruckmaschinen).

Bei den nach dem Dieselverfahren arbeitenden Ölmotoren ist die Ausnutzung der im Brennmaterial aufgespeicherten Wärme

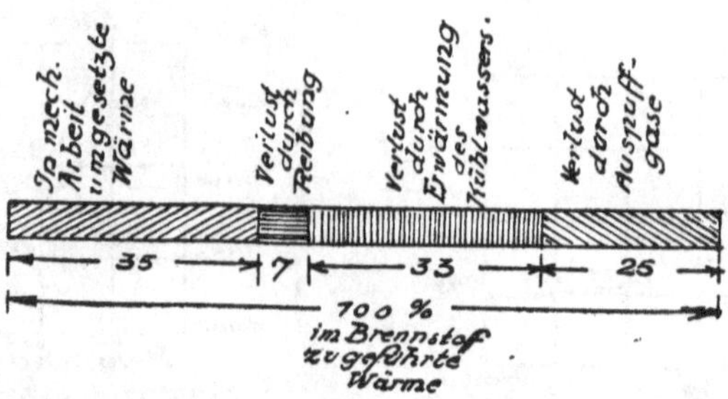

Abb. 12.

von allen Wärmekraftmaschinen noch am günstigsten; sie beträgt bis zu 35 v. H. In Abb. 12 ist die ungefähre Wärmeverteilung zeichnerisch dargestellt.

Um auch bei diesen Maschinen eine möglichst große Verringerung der auf die Leistungseinheit bezogenen Betriebskosten und damit eine Erhöhung der Wirtschaftlichkeit des ganzen Betriebes zu erzielen, muß bei ihnen ebenfalls die in den Auspuffgasen bis zu 25 v. H. und im austretenden Kühlwasser bis zu 35 v. H. steckende Abwärme noch nutzbar verwertet werden. Ist beispielsweise der Verbrauch an Brennstoff von einem Heizwert von 10000 WE/kg 0,190 kg für 1 PSn-st, dann beläuft sich die für 1 PSn-st aufgewendete Wärmemenge auf $0{,}19 \cdot 10000 = 1900$ WE. Bei einem thermischen Wirkungsgrade von 35 v. H. beträgt die in mechanische Arbeit umgewandelte Wärmemenge $1900 \cdot 0{,}35 = 665$ WE, die in den Auspuffgasen enthaltene Abwärme (25 v. H.) 1900 · 0,25 = 475 WE und die im Kühlwasser enthaltene Wärmemenge (35 v. H.) 1900 · 0,35 = 665 WE. Aus dem Kühlwasser mit einer Temperatur bis zu 60° lassen sich leicht noch 30 v. H. der Gesamtwärme zur Warm- und Heißwasserbereitung, unter Verwendung eines Abwärmeverwerters zur Erzeugung von Niederdruck- und Hochdruckdampf bis zu 15 at für Kraftzwecke ausnutzen, so daß sich eine Gesamtverwertung der in die Maschine hineingeschickten Wärmemenge von etwa 82 v. H. ergibt. In Abb. 13 ist die ungefähre gesamte ausnutzbare Abwärme einer Gleichdruckmaschine zeichnerisch dargestellt.

Nach Angaben der Löbersdorfer Maschinenfabrik Aktiengesellschaft*) setzt sich bei einer Sechszylinder-Gleichdruckma-

Abb. 13.

schine von 750 PSn der Wärmeabgang beispielsweise wie folgt zusammen.

Heizwert des benutzten Brennstoffes	. . . . .	10 200	WE/kg
Brennstoffverbrauch für 1 PSn-st	rund	185	g
Gesamtverbrauch an Brennstoffwärme für 1 PSn-st . . .	„	1900	WE
„ 750 PSn-st	„	1 425 000	„
Wärmeabgang durch Strahlung für 1 PSn-st	„	130	„
Wärmeabgang durch Auspuffgase mit einer Temperatur von 360° C für 1 PSn-st		500	„
Wärmeinhalt der Auspuffgase für 750 PSn-st . .		375 000	„
Wärmeabgang in das Kühlwasser für 1 PSn-st		620	„
„ 750 PSn-st		465 000	„.

Verbraucht zum Beispiel eine 500 PSn Gleichdruckmaschine in der Stunde 100 kg Treiböl von einem Heizwert von rund

*) Z. d. V. d. I. 1916.

10000 WE/kg (für die PSn-st also 200 gr), und ist der Preis für 100 kg 4,50 *M*, dann sind dem Motor in einer Stunde $100 \cdot 10000 = 1000000$ WE zugeführt worden, und die stündlichen Treibölkosten belaufen sich auf $\frac{100 \cdot 4,50}{100} = 4,50$ *M*. Rechnet man hierzu noch einen stündlichen Zündölverbrauch von 5 kg, dann betragen die gesamten Brennstoffkosten in der Stunde bei einem Zündölpreis von 10 *M* für 100 kg:

$$4,50 + \frac{5 \cdot 10}{100} = 5 \text{ M}.$$

Von der dem Motor zugeführten stündlichen Wärmemenge von 1000000 WE werden 35 v. H. in mechanische Arbeit umgesetzt, so daß die Verlustwärme sich auf 1000000-350000 = 650000 WE beläuft. Von diesen 650000 WE können 300000 WE des von 10 auf 50° C erwärmten Kühlwassers und 170000 WE der heißen Auspuffgase leicht noch nutzbar verwertet werden. Die gesamte nutzbare Abwärme von 470000 WE in einem Dampfkessel mit einem Wirkungsgrad von 70 v. H. erzeugt, würde bei einem Preise der Kohle (Heizwert 7000 WE/kg) von nur 15 *M* für 1000 kg $\frac{15 \cdot 470000}{1000 \cdot 7000 \cdot 0,70} = 1,44$ *M* kosten.

Die Kosten für die eigentliche Krafterzeugung würde sich demnach auf 5,00 — 1,44 = 3,56 *M* vermindern. Für die PSn-st, die ohne Ausnutzung der Abwärme sich auf $\frac{5}{500} = 0,01$ *M* = 1 *Pf* stellen würde, ergibt sich bei Verwertung der Abwärme demnach ein Preis von nur $\frac{3,47}{500} = 0,0071$ *M* oder 0,71 *Pf*.

Bei den nach dem Dieselverfahren arbeitenden Ölmotoren ist die wirtschaftlich günstigste Belastung ähnlich wie bei den Kolbendampfmaschinen die „Normalleistung", von der nach Möglichkeit nicht abgewichen werden sollte, obwohl die Gleichdruckmaschinen in dieser Beziehung noch günstiger arbeiten als die Verpuffungsmaschinen (mit Ausnahme der Hochleistungsgasmaschine) und insbesondere die Sauggasanlagen. In Abb. 14 ist der ungefähre Brennstoffverbrauch für die PSn-st bei teilweise belasteten Gleichdruckmotoren bezogen auf die normale Leistung zeichnerisch dargestellt.

Nach dieser Schaulinie ist beispielsweise bei einer $^3/_4$ großen Belastung der Brennstoffverbrauch 1,04 mal so groß, wie bei der Normalleistung. Nach Garantiezahlen der Maschinenfabrik Augsburg-Nürnberg stellt sich der Brennstoffverbrauch von Gleichdruck-Rohölmaschinen bezogen auf einen unteren Heizwert des Brennstoffes von H_μ = 10000 WE/kg bei Normalleistungen und Teillasten wie folgt.

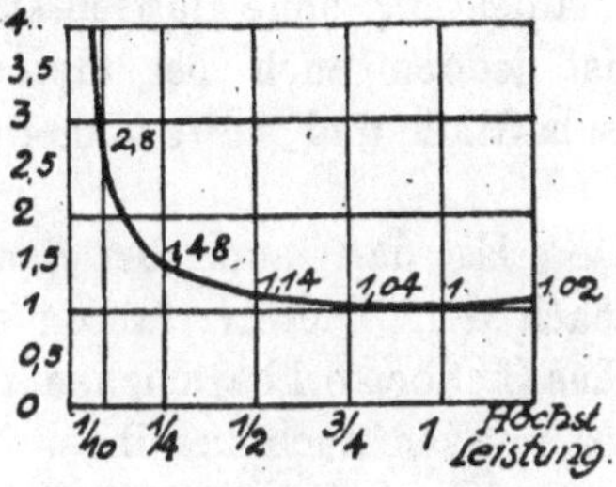

Abb. 14.

Einzylindermaschinen PS	8	11	12	15	20	25	30	35	40	50	60	70	80	100
Zweizylindermaschinen PS				30	40	50	60	70	80	100	120	140	160	200
Bei Normalleistung g	235	230	220	215	210	205	200	195	195	195	190	185	185	185
Bei $^3/_4$ Belastung g	245	240	230	225	220	215	210	205	205	205	200	195	195	195
Bei $^1/_2$ Belastung g	285	280	270	260	255	250	245	240	235	235	230	225	225	225
Bei $^1/_4$ Belastung g	390	375	360	350	335	330	325	320	315	310	305	300	300	300

Der bei einer Dreizylinder-Gleichdruckmaschine von 200 PSn sich ändernde Brennstoffbedarf bei Abweichung von der normalen Last ergibt nach Versuchen von Professor G. Weber folgende Zusammenstellung.

	Höchstleistung	$^1/_1$ Nn.	$^3/_4$ Nn.	$^1/_2$ Nn.	$^1/_4$—$^1/_5$ Nn.
	235	199,5	156	101,5	47,6
Brennstoffverbrauch für 1 PSn-st in g	189,0	188,0	196,0	221,0	238,0
Wärmeverteilung in Nutzarbeit in %	33,5	33,6	32,4	28,7	18,7

Die Gleichdruckmaschinen, deren Regelung ähnlich wie bei der Dampfmaschine dadurch erfolgt, daß die Brennstoffmenge unter Einwirkung des Regulators dem jeweiligen Belastungsgrad angepaßt wird, was unter anderem auch einen verhältnismäßig gleichmäßigen Gang bei Belastungsschwankungen zur Folge hat, überwinden teilweise Belastungen bis zu 20 v. H. über die Normalleistung ohne Betriebsstörungen. Eine dauernde Überlastung ist jedoch auch bei diesen Maschinen schädlich und unwirtschaftlich und sollte daher stets vermieden werden.

Es darf auch bei den Verpuffungsmaschinen wie bei den nach dem Dieselverfahren arbeitenden Ölmotoren nicht erst auf das Sichbemerkbarmachen von Fehlern gewartet werden, sondern es müssen auch bei ihnen in streng geregelter Folge Reinigungs- und Überholungsarbeiten, namentlich der dem Verschmutzen besonders ausgesetzten Teile wie Verbrennungsraum, Auspuffventile, Leitungen, Kühlwassermantel, Kolben, elektrische Zündvorrichtung (auf metallisch reine Kontaktstellen), Vergaser u. a. m., sowie gegebenenfalls auch der Luft-, Brennstoff-, Kühlwasserpumpen, der Brennstoffeinspritzvorrichtungen bei Ölmotoren vorgenommen werden. Außerdem müssen regelmäßig in kurzen Zeitabschnitten Indikatordiagramme vom Arbeitsvorgang der Verbrennungsgase im Zylinder aufgenommen werden, um sich nach Vergleich mit den vorhandenen „Garantiediagrammen" zu überzeugen, ob die Maschine in jeder Beziehung noch ordnungsgemäß arbeitet und vor allem die richtige Steuerungs-, Gemisch- und Zündeinstellung hat.

Neben diesen Betriebs- und Kontrollmaßnahmen zur Erreichung eines stets guten Arbeitens der Verpuffungsanlagen sind auch bei ihnen regelmäßig in bestimmter Zeitfolge Versuche vorzunehmen und zwar hauptsächlich zur Ermittlung:

1. des mechanischen Wirkungsgrades η_m; dieser Wirkungsgrad soll angeben, welcher Bruchteil der Gesamtleistung nicht nur infolge Eigenreibung der Maschine, sondern auch ihrer Hilfsmaschinen u. a. m. als Nutzleistung abgegeben wird. Die Ermittlung von N_n und N_i erfolgt bei den Verpuffungsmaschinen genau so wie bei den Dampfmaschinen.

Außer der Ermittlung des mechanischen Wirkungsgrades handelt es sich bei den Versuchen ferner um die Bestimmung:

2. des thermischen Wirkungsgrades $\eta_t = \frac{Q_1 - Q_2}{Q_1}$, des Verhältnisses der im Zylinder in mechanische Arbeit umgesetzten Wärmemenge zu der durch den Brennstoff hinzugeführten Wärme;

3. des wirtschaftlichen Wirkungsgrades $\eta_w = \eta_t \cdot \eta_m$ oder der Verhältniszahl $\eta_w = \frac{Q}{Q'}$, die den Grad der wirtschaftlichen Wärmeausnutzung angibt, wobei Q die für eine Nutzpferdestunde theoretisch notwendige Wärmemenge, Q' die tatsächlich aufgewendete Wärmemenge bedeutet;

4. des stündlichen Brennstoffverbrauches für die Leistungseinheit;

5. der für 1 PSn-st verbrauchten Kühlwassermenge von bestimmter Eintritts- und Austrittstemperatur, d. h. der durch das Kühlwasser abgeführten Wärmemenge.

Die gefundenen Werte sind ebenfalls in das für die betreffende Maschine bestimmte Buch, in dem alle sonstigen, die Anlage betreffenden Vorkommnisse (Prüfungsergebnisse, Ausbesserungen) sowie die Garantiediagramme und der Verbrauch an Betriebsstoffen aufgeführt sein müssen, einzutragen und mit den früheren Versuchsergebnissen zu vergleichen.

Jeder Abweichung von der normalen, richtigen Arbeitsweise sollte auch bei den Verbrennungskraftmaschinen sofort auf den Grund gegangen werden, und man sollte ohne Aufschub jeden eingeschlichenen Fehler, der meist auf die unvermeidliche Abnutzung oder auf das Verschmutzen einzelner Teile zurückzuführen ist, schnellstens beseitigen.

---

4. Sonstige Maschinen.

In ähnlicher Weise wie bei den Wärmekraftmaschinen müßte auch bei jeder anderen Kraftmaschinenart sowie auch bei Arbeitsmaschinen vorgegangen werden.

Eine stets fachmännische und aufmerksame Wartung; eine ständige Betriebskontrolle bei ausgiebiger Anordnung von selbsttätig arbeitenden Meß- und Prüfvorrichtungen, deren Registrierapparate fortlaufend zeichnerische Darstellungen und somit wahrheitsgetreue, in jedem Zeitabschnitte nachzuprüfende Bilder von der Arbeitsweise der betreffenden Anlage geben, um die Größe des Zugangs und des Abgangs der Energien möglichst immer vor Augen zu haben; bei Kolbenmaschinen eine streng geregelte — und nicht etwa nur nach Gutdünken vorzunehmende —

Indikator-Diagramm-Aufnahme zur Beurteilung der Arbeitsvorgänge im Zylinderinneren. Wie wichtig beispielsweise bei Kolbenpumpen und Kolbenkompressoren regelmäßige Diagrammaufnahmen sind, zeigt allein schon die Tatsache, daß bei auch nur wenig, von außen nicht ohne weiteres wahrzunehmendem undichten Schließen der Saugventile während der Druckabschnitte ein Teil des angesaugten Wassers bzw. der angesaugten Luft wieder in die Saugleitung zurückgeht. Die für das Ansaugen dieser zurückströmenden Menge erforderliche Energie ist also nutzlos aufgewendet worden. Ist diese Menge an Verlustenergie bei einem Doppelhub auch scheinbar unbedeutend, so kann sie doch in einem Betriebsjahr zu einer nicht geringen Größe anwachsen, die das wirtschaftliche Betriebsergebnis ungünstig beeinflußt. Unerläßlich ist ferner in jedem Betriebe eine regelmäßig, in bestimmter Zeitfolge vorzunehmende gründliche Reinigung und Konservierung aller dem Verschmutzen ausgesetzten Maschinenteile, da ein gutes, einwandfreies Arbeiten einer Anlage hiervon wesentlich abhängt.

Außer diesen Betriebs- und Prüfungsmaßnahmen sind in regelmäßigen und nicht etwa willkürlich gewählten Zwischenräumen eingehende zweckdienliche Untersuchungen, gewissermaßen als Stichproben des wirtschaftlichen Arbeitens einer Anlage, über den Grad der Energieausnutzung, über die einzelnen Verlustgrößen, sowie ferner zum Zwecke des Aufdeckens von eingeschlichenen oder allmählich sich entwickelnden Fehlern vorzunehmen. Solche von Zeit zu Zeit anzustellende Erhebungen machen sich in der Regel immer reichlich bezahlt, zumal durch sie gleichzeitig festgestellt werden kann, ob die Anlage stets richtig bedient und instand gehalten worden ist. Die Ergebnisse solcher Versuche sind dann mit den Garantieergebnissen zu vergleichen, damit Abweichungen sofort auf den Grund gegangen und jeder Fehler schnellstens beseitigt werden kann.

---

5. Schmier- und Putzmittel.

Eine nicht unwesentliche Rolle in der Frage eines guten wirtschaftlichen Betriebsergebnisses spielt auch der in manchen Betrieben um ein ganz bedeutendes über das erforderliche Maß hinausgehende Verbrauch an Schmier- und Putzmitteln, deren

Beschaffungskosten einen nicht unbeträchtlichen Teil der Betriebskosten ausmachen. Für Dampfkraftanlagen beispielsweise kann ein durchschnittlicher Kostenaufwand für Schmiermittel von 7 bis 10 v. H. und mehr, für Putzmittel von 3 bis 5 v. H. der Kohlenkosten angenommen werden. Es muß deshalb auch mit ihnen nach Möglichkeit mit größter Sparsamkeit umgegangen werden.

Für den Verbrauch an Schmiermitteln ist ein Haupterfordernis ein in jeder Beziehung richtiges, d. h. weder ein zu geringes noch ein zu starkes Versorgen der einzelnen Maschinenteile mit Schmieröl, zumal eine sachgemäße Schmierung auch von großem Einfluß auf die Nutzleistung und die Betriebssicherheit und Lebensfähigkeit der Maschinen ist.

Wie sich die Nutzleistung und der mechanische Wirkungsgrad einer Dampfmaschine bei nicht ordnungsgemäßer Schmierung ändert, zeigt folgender Versuch an einer Wolfschen Lokomobile von 23 PSn Höchstleistung bei 130 mm Zylinderdurchmesser und bei einem Hube von 260 mm.*) Unter Anwendung eines deutschen Zylinderöles von 0,965 spezifischem Gewicht, 235° C Flammpunkt und einer Zähflüssigkeit (Viskosität) bei 100° C von 65 Engler war die indizierte Leistung der mit Sattdampf von 11,8 kg/qcm betriebenen Maschine bei 230 minutlichen Umdrehungen 23,90 PSi und die Nutzleistung 22,71 PSn, der mechanische Wirkungsgrad demnach 0,95. Der Bedarf an Zylinderöl belief sich auf 18 g in der Stunde. Nach Abstellung der Schmiervorrichtung ging die Nutzleistung und demnach auch der mechanische Wirkungsgrad allmählich nach Verbrauch des sich zwischen den Kolbenringen und in anderen toten Räumen angesammelten Schmieröles nach folgender Zusammenstellung zurück.

Zeit	PSn	%
Bei Abstellen der Zylinderschmierung	22,71	95,0
Nach 10 Minuten . .	22,62	95,0
„ 30 „ . .	22,14	92,6
„ 40 „ . .	21,50	90,0
„ 50 „ . .	21,16	88,6
„ 62 „ . .	21,00	87,8
„ 68 „ . .	20,90	87,5

*) Z. d. V. d. I. 1918.

Nach Auffüllen von 50 g Öl stiegen Leistung und mechanischer Wirkungsgrad sofort und zwar:

Zeit	PSn	%
Nach 4 Minuten auf .	21,64	90,6
„ 6 „ „ .	22,60	94,5

Ein ähnlicher Versuch mit derselben, jedoch mit Heißdampf von 11,8 kg/qcm betriebenen Dampfmaschine mit Heißdampf-Zylinderöl von 0,955 spezifischem Gewicht, 270° C Flammpunkt und einer Zähflüssigkeit bei 100° C von 3,5 Engler hatte bei einer indizierten Leistung von 23,65 PSi, einer Nutzleistung von 22,44 PSn und einem mechanischen Wirkungsgrad η_m = 94,9 folgendes Ergebnis. Der Zylinderölbedarf betrug 60 g in der Stunde.

Zeit	PSn	Dampftemperatur	%
Nach Abstellen der Zylinderschmierung	22,58	340	95,5
Nach 10 Minuten . .	22,47	340	95,1
„ 20 „ . .	22,27	340	94,2
„ 40 „ . .	22,09	320	93,4
„ 70 „ . .	22,10	332	93,4
„ 110 „ . .	22,04	344	93,2
„ 120 „ . .	22,00	350	93,0
„ 150 „ . .	21,92	348	92,9
„ 160 „ . .	21,82	346	92,3
„ 180 „ . .	21,74	352	92,0
„ 190 „ . .	21,64	352	91,5
„ 210 „ . .	21,17	360	89,5
„ 230 „ . .	20,98	370	88,7
„ 240 „ . .	20,63	370	87,3

Nachdem dann nach 240 Minuten die Schmierung mit 4 g in der Stunde wieder angestellt worden war, stiegen bereits nach 5 Minuten die Nutzleistung auf 21,32 PSn und der mechanische Wirkungsgrad auf 90,2. Also sowohl bei Sattdampf- wie auch bei Heißdampfbetrieb fiel nach Unterbrechung der Zylinderschmierung die Nutzleistung sowie der mechanische Wirkungsgrad und zwar bei Sattdampfbetrieb schneller als bei Heißdampfbetrieb. Der mechanische Wirkungsgrad — Abb. 15 zeigt den Verlauf der Wirkungsgradkurve beim ersten Versuch mit Sattdampf, Abb. 16 beim zweiten mit Heißdampf — wird also durch eine unvollkommene Schmierung nicht unwesentlich beeinflußt.

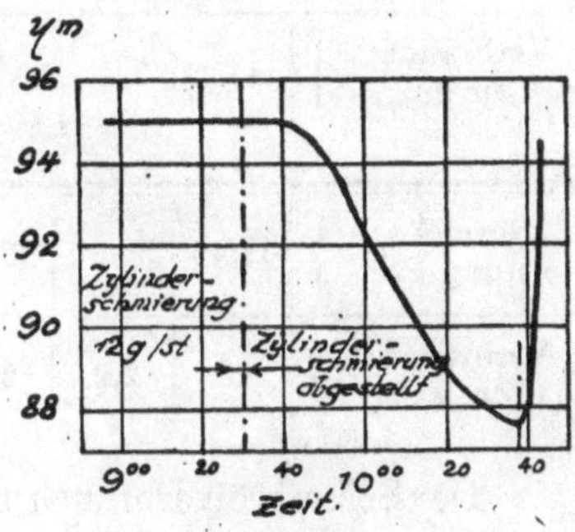

Abb. 15.

Niemals sollten maschinelle Anlagen während der Betriebszeit ohne Aufsicht gelassen werden, weil sonst Unregelmäßigkeiten in der Ölzufuhr nicht sofort bemerkt und abgestellt werden können. Ganz besonders ist dieses bei kleinen Maschinen der Fall, bei denen der auf die Leistungseinheit bezogene Ölverbrauch größer ist als bei größeren Maschinen. So ist beispielsweise bei einer Verbundlokomobile nach Wolf-Buckau der Bedarf an Zylinderöl bei einer Leistung von 50 PSn für die PSn-st 1,8 g, bei 100 PSn dagegen nur 1,2 g und bei 200 PSn 0,8 g,

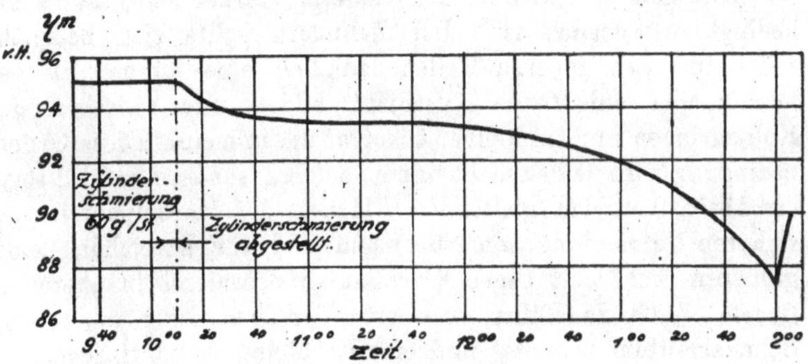

Abb. 16.

der Verbrauch an Maschinenöl bei einer Leistung von 50 PSn 3,3 g, bei 100 PSn 3,0 g und bei 200 PSn nur 2,0 g für die PSn-st. Bei Dampfturbinen stellt sich der Schmiermittelverbrauch je nach Größe auf etwa 0,6 bis 0,7 g für die PSn-st. Nach Angaben der Gasmotorenfabrik Deutz ist der Schmierölverbrauch von liegenden Viertaktmaschinen bezogen auf 1 PSn-st der Normalleistung:

Normalleistung PSn	2	3/4	6/8	10/12	14/16	20	25	30
Verbrauch in g	11	7,2	6,6	5,5	4,4	3,8	2,6	2,6

Normalleistung PSn	35/40	50/60	70/80	100/125	150	200/300	300/1000
Verbrauch in g	2,4	2,2	2,0	1,8	1,5	1,3	1,1

Der Schmierölverbrauch bei stehenden Gleichdruckmaschinen bezogen auf 1 PSn-st der Normalleistung dagegen ist:

Normalleistung PSn	15/20	25/40	50/80	80/125	über 125
Verbrauch an Zylinder- und Lageröl	5,5	5,0	4,5	4	3,5

Auf keinen Fall darf die Ölzufuhr stärker sein, als es unbedingt erforderlich ist. Bei Zylindern sollte sich beispielsweise in allen inneren Teilen lediglich eine dünne, an den Wandungen anhaftende Ölschicht bilden und zwischen den Kolbenringen nur ein kleiner Ölvorrat ansammeln. Diese Grundbedingung wird leider nicht immer befolgt, sondern es wird sogar oft absichtlich den gleitenden Flächen der Maschinenteile zur sicheren Vermeidung von Störungen und zur Erreichung einer größeren Sicherheit gegen Warmlaufen Schmieröl in überreichlichem Maße zugeführt, was eine Verschwendung an teueren Schmiermitteln bedeutet und eine Erhöhung der entsprechenden Betriebskosten zur Folge hat. Namentlich ist dieses bei den Verbrennungskraftmaschinen — sowohl bei den Verpuffungsmotoren wie bei den nach dem Dieselverfahren arbeitenden Ölmaschinen, deren Schmierungkosten an sich wesentlich höher sind als die der Kolbendampfmaschine und vor allem die der Dampfturbine — der Fall, weil eine Zurückgewinnung des Zylinderöls, wie es bei den Dampfmaschinenanlagen möglich ist, in Fortfall kommt. Überdies kann eine zu reichliche Schmierung und besonders dann, wenn zur Streckung des Öles Graphit zugesetzt wird, namentlich bei Heißdampfbetrieb zu Betriebsstörungen Veranlassung geben, indem sich Ölrückstände in Abschlußteilen, im Zylinderinnern, an empfindlichen Steuerteilen und an wichtigen Stellen der Maschine bilden. So können zum Beispiel Kolbenringe durch anhaftende Ölkruste leicht zum Festsetzen gebracht werden. Der Schmiermittelverbrauch, der nicht nur von der Genauigkeit der Werkstattarbeit und der Sorgfalt des Aufbaues einer maschinellen Anlage, sondern hauptsächlich von einer aufmerksamen Wartung und dem mehr oder weniger guten Willen des Bedienungspersonals abhängig ist, soll sich stets dem Gange der Maschine anpassen; laufen die Maschinen langsamer, dann muß sich auch der Schmierölbedarf entsprechend vermindern, und bei Stillstand der Maschinen muß die Schmierung sofort unterbrochen werden. Tropföler sollten dann sofort abgestellt, Stiftschmiergefäße und Dochtöler, die, weil kaum regelbar, möglichst durch verstellbare Tropföler ersetzt werden sollten, sofort außer Wirkung gebracht werden, was zu oft vernachlässigt wird. In dieser Hinsicht ist die Verwendung von solchen Schmierölvorrichtungen zweckmäßig, bei denen die Ölzufuhr bei Stillstand der Maschinen — namentlich bei nur zeitweise geführtem Betriebe — selbsttätig aufhört, indem beispielsweise im gegebenen Augenblick der Ölkanal durch einen selbsttätig wirkenden kleinen Abschlußteil geschlossen oder Ölpumpen ausgeschaltet werden.

Dem Zwecke entsprechend soll stets nur das jeweils richtige Schmiermittel für die einzelnen Maschinenteile angewendet werden. So ist beispielsweise bei der Schmierung von Zylinderflächen der Höhe der Temperatur des Dampfes nicht, wie es häufig der Fall ist, durch die Menge, sondern hauptsächlich durch die Beschaffenheit des Öles Rechnung zu tragen. Bei Dampfmaschinen mit mehrfacher Dampfdehnung sollte beispielsweise nur der Hochdruckzylinder mit hochwertigem Öl, die Mittel- und Niederdruckzylinder dagegen mit Öl von niedrigem Flammpunkt geschmiert werden. In technischer wie auch in wirtschaftlicher Beziehung ist es ein gewaltiger Unterschied zwischen der Verwendung von mineralischen, vegetabilen und animalen Ölen, zwischen Ölen mit niedrig- oder mit hochliegendem Flammpunkt.

Es ist nicht gleichgültig, den Grad der Zähflüssigkeit (Viskosität) und des Fettgehaltes außer acht zu lassen, denn die Beschaffenheit des Öles ist unter anderem auch von großem Einfluß auf den Verbrauch. Vor allem wird von einem Schmieröl verlangt, daß es ohne Rückstände verbrennt, weil diese, und namentlich harzige Ablagerungen, leicht zu Betriebsstörungen Anlaß geben können. Ferner muß es an den Wandungen gut anhaften, damit es nicht etwa mit dem Dampf aus den Zylindern leicht ausgeblasen wird, was zu einem unnötig hohen Verbrauch führt. Auch zwischen den Schmierfetten, die als „Starrschmiere" oder „konsistentes Fett" häufig für die Schmierung von Lagern in Betracht kommen, ist in der Anwendung ein Unterschied — ob pflanzlichen oder tierischen Ursprungs — zu machen. Dem Grad des Gehaltes an Fettsäure, die das Material angreift, sowie der Instandhaltung und Reinigung der mit Fett geschmierten Gleitflächen ist, weil die Reibungswiderstände größer sind als bei Ölschmierung, besondere Aufmerksamkeit zu widmen.

Hinsichtlich der Erzielung eines ordnungsgemäßen und wirtschaftlichen Betriebsverfahrens ist es zu empfehlen, die einzelnen Schmiermittel auf ihre Beschaffenheit und Güte hin ihrem jeweiligen Verwendungszweck entsprechend in regelmäßiger Zeitfolge zu untersuchen, zumal ihr Preis durchaus kein Maßstab für ihre Geeignetheit ist. Die Ergebnisse dieser Untersuchungen sind stets in ein besonderes Buch, in dem auch die auf Grund von Erfahrungen und Versuchen festgelegten Verbrauchszahlen der einzelnen Maschinen für Vergleichszwecke anzuführen sind, einzutragen.

So muß beispielsweise bei Heißdampfmaschinen, deren Schmierölverbrauch wegen der Trockenheit des Dampfes höher ist als bei gleichgroßen Sattdampfmaschinen, zur Schmierung des Zylinderinnern stets nur ein hochsiedendes reines Mineralöl, das möglichst schwer entflammbar ist und der hohen Temperatur des überhitzten Dampfes dauernd ausgesetzt werden kann (sogenanntes schweres Zylinderöl) genommen werden, während bei Verbrennungskraftmaschinen mit ihren gekühlten Zylinderlaufflächen ein Schmieröl mit nicht zu hohem Flammpunkt genügt.

Um eine gleichmäßige, möglichst sparsame Schmierung zu erzielen, ist es für jede Maschine zunächst erforderlich, auf

Grund von auf einen längeren Zeitraum sich erstreckenden genauen Aufschreibungen den benötigten Bedarf an Öl für die Betriebsstunde zu ermitteln. Gegebenenfalls ist der unbedingt erforderliche Mindestbedarf an Schmieröl einer Maschine durch eingehende sorgfältige Versuche festzustellen, wobei der Zustand der einzelnen Laufflächen, namentlich der Zylinder, der Kurbel- und Kreuzkopfzapfen, der Gleitbahnen und der Lager genau zu beobachten ist. Ferner ist eine in regelmäßiger Zeitfolge vorzunehmende Prüfung und Instandsetzung der Lager und Gleitflächen sowie eine stete Kontrolle der in jeder Beziehung gut und zuverlässig arbeitenden Schmiervorrichtungen unerläßlich. Neben der Möglichkeit einer bequemen Überwachung müssen die Vorrichtungen in leichter Weise die Ölzufuhr der Eigenart des zu schmierenden Maschinenteiles entsprechend regeln lassen.

Bei den vielfach angewendeten Tropfölern muß sich z. B. die Tropfgeschwindigkeit der Art des Öles sowie dem Maschinengange und der wechselnden Temperatur der aufeinander gleitenden Teile entsprechend genau einstellen lassen können. Desgleichen muß sich bei den Umlaufschmiervorrichtungen, die namentlich bei Kurbellagern Anwendung finden und nicht nur ein ständiges gutes Schmieren, sondern, da das Öl stets von neuem seinen Kreislauf durch die zu schmierenden Maschinenteile macht, auch eine größere Ölersparnis gewährleisten, ebenfalls eine genaue Einstellung der benötigten Ölmenge in weiten Grenzen bei stets einwandfreiem Arbeiten, sowie eine leichte Kontrolle ermöglichen lassen (gegebenenfalls unter Anwendung von besonderen Schmierölpumpen mit verstellbarem Kolbenhub). Wegen ihres in jeder Beziehung fraglos sehr vorteilhaften Arbeitens sollten die Umlaufschmiervorrichtungen möglichst allgemein eingeführt werden.

Für die wirtschaftliche Betriebsfrage ist es ferner von Wichtigkeit, ständig dafür Sorge zu tragen, daß kein Schmieröl durch Abschleudern von sich bewegenden Maschinenteilen oder durch Herunterlaufen auf die Fundamente, namentlich bei stehenden Maschinen mit ihrem an sich sehr hohen Ölverbrauch, vergeudet wird, und daß gebrauchtes und aufgefangenes Öl nach Reinigung (Filtrieren) wieder verwendungsfähig — wenn auch, weil meist nicht mehr vollwertig, für minder wichtige, untergeordnete Stellen (als Zusatzschmierung für Lagerung und andere Zwecke) — gemacht wird. Ölfilter, durch die eine nicht geringe Verminderung des Ölverbrauchs erzielt und Ausgaben für Schmiermittel sehr niedrig gehalten werden können, sollten in keinem Betriebe fehlen, besonders auch nicht in kleineren Betrieben, bei denen die Ausgaben für Schmieröle an sich verhältnismäßig höher sind als bei größeren Anlagen. Auch auf die Wiedergewinnung von Öl bei Dampfanlagen durch vollkommene Entölung des Dampfes und des Niederschlagwassers mittelst gut arbeitender, genügend großer Ölabschneider sollte stets ein Augenmerk gerichtet werden. Durch richtige Anordnung von Abdampfentölern in der Auspuffleitung bzw. in der Leitung zwischen dem Zylinder und dem Kondensator sowie gegebenenfalls in den Zwischendampfleitungen kann bis zu 85 v. H. des aufgewendeten Zylinderöles aus dem Dampf zurückgewonnen und für Schmierung des Zylinders wieder verwendungsfähig gemacht werden.

Nicht unwichtig ist schließlich eine Zurückgewinnung von Schmieröl aus mit Öl getränkter Wischbaumwolle, zumal durch ein solches Verfahren auch die allerdings dann nicht mehr ganz vollwertige Putzwolle wieder verwendungsfähig gemacht wird.

Schlußwort.

In einem geordneten Maschinenbetrieb muß stets für jede Maschine ein besonderes Buch eingerichtet sein, in dem nicht nur die einzelnen die Bauart betreffenden wichtigen Hauptdaten und die für Vergleichszwecke notwendigen, vertraglich festgelegten Garantiezahlen hinsichtlich der Leistung, sondern vor allem auch die Garantiezahlen über den Verbrauch der Betriebsstoffe sowie die normalen Garantie-Diagramme aufgeführt sind. Außerdem muß neben den täglichen Betriebsstunden jedes Ergebnis der Untersuchungen, die vorkommenden Fehler und Ausbesserungen, die Ergebnisse der gründlichen Informationsversuche, der Brennstoff-, Wasser- und Ölverbrauch, die genaue Kontrolle über Druck und Temperaturen laufend eingetragen, gegebenenfalls in Zahlentafeln zusammengestellt und in entsprechende Darstellungen eingezeichnet werden, so daß dieses Buch mit seiner Betriebsstatistik ein wahrheitsgetreues Lebensbild der Maschine gibt. Durch Vergleich der verschiedenen Ergebnisse läßt sich bei sachgemäßer Beurteilung stets jedes Anwachsen des Betriebsstoffverbrauches und meist auch seine Ursache ohne erhebliche Mühe ermitteln und bei genauer Untersuchung abstellen, so daß die betreffenden Betriebskosten wieder auf ein Mindestmaß gebracht werden können. Ein Beispiel eines solchen Maschinenbuches von einer Verbrennungskraftmaschine ist im Anhang beigefügt.

Man muß sich stets bewußt sein, daß es bei jeder maschinellen Anlage nicht nur darauf ankommt, der gewünschten Leistung entsprechend zu arbeiten und den betriebstechnischen Forderungen zu genügen. Im Interesse eines guten wirtschaftlichen Betriebsergebnisses ist es vielmehr von grundsätzlicher Bedeutung, diese Leistung mit den praktisch kleinsten Verlusten — jede Energieumwandlung hat Verluste zur Folge —, mit dem kleinsten Aufwand an Brennstoffen zu erzielen und die in jeglicher Abwärme steckende Wärmemenge, die mit heißen Flüssigkeiten, Dämpfen, Gasen, mit Dampf- und Flüssigkeitsgemischen aus Wärmekraftanlagen und Heiz- oder Kühlvorrichtungen unausgenutzt entweichen, zum möglichst großen Teile als Ersatz für unmittelbar aufzuwendenden Brennstoff noch zu verwerten. Ebenso wie es vom Standpunkt der neuzeitlichen Wärmewirtschaft eine Energievergeudung bedeutet, wenn für Heizzwecke lediglich Wärme mit verhältnismäßig niederer Temperatur erzeugt wird, ohne der Heizanlage eine Kraftanlage zur besseren Ausnutzung der bei der vollkommenen Verbrennung eines Brennstoffes entstandenen Wärmeenergie vorzuschalten. Ganz besonders wichtig ist eine weitgehende Verwertung der Abwärmeenergie, weil die Ersparnisse, die hierdurch verhältnismäßig ohne große Mühe gewonnen werden können, nicht selten ein Mehrfaches der Wärmeausnutzung für die Krafterzeugung selbst sind, und außerdem die nicht unbegrenzten Brennstoffvorräte in Deutschland in Rücksicht auf die von Tag zu Tag steigende Bedarfszunahme in volkswirtschaftlichem Interesse einen möglichst sparsamen Verbrauch zur Notwendigkeit machen. Als Maßstab für die Vollkommenheit einer Kraftanlage darf also nicht nur — wie es meist der Fall ist — der Wärmewirkungsgrad gelten, sondern es muß stets der Gesamtwirkungsgrad einer Anlage in seiner vollen Bedeutung entscheidend sein.

Um überflüssige Energieverluste zu vermeiden und dauernd ein gutes wirtschaftliches Betriebsergebnis zu haben, ist also ein streng geregelter und geordneter Betrieb, eine gewissenhaft durchgeführte Regelung der menschlichen Arbeitskräfte und der maschinellen Anlage ein unbedingtes Erfordernis. Denn nur durch eine vernunftgemäße, vom Geiste der Wissenschaft getragene Betriebsordnung ist es möglich, bei einem Mindestaufwand an Zeit, Energie und Geld dauernd eine größtmögliche Leistungsfähigkeit und ein gutes wirtschaftliches Betriebsergebnis zu erzielen.

Tagebuch

für die

Verbrennungskraftmaschine Nr.

1. Hauptangaben

der Verbrennungskraftmaschinen für flüssige Brennstoffe von . . . . . . PS.

Hersteller: . . . . Fabriknummer . . . . . Baujahr . . . .

Zylinder: . . . . Zylinderdurchmesser . . . . . Hub . . . .

Bestellt am: . . . . . . durch Schreiben vom . . . . . B.Nr. . . .

Angenommen:

Nebenapparate.

Vergaser: . . . . Nr . . . .

Zündapparate: . . . . Nr . . . .

Anlaßvorrichtung: . . . . Nr . . . .

Frühzündung: Einlaßseite: . . . . } vor Totpunkt

Auslaßseite: . . . . }

2. Prüf- und Abnahmeschein.

Belastung durch Windflügel auf Pendelrahmen mit . . . . m Hebelarm

Tag: . . . . Stunde: . . . .

Barometerstand: . . . .

Lufttemperatur . . . .

Luftfeuchtigkeit: . . . .

Leistung: . . . .

Minutliche Umlaufzahl: . . . .

Wassereinlauftemperatur: . . . .

Wasserauslauftemperatur: . . . .

Brennstoff: . . . . spez. Gewicht: . . . .

Unterer Heizwert: . . . .

Brennstoffverbrauch für die PSn-st: . . . .

Wärmeverbrauch „ „ „ . . . .

Olverbrauch „ „ „ . . . .

Aufgenommenes Diagramm (Garantie-Diagramm):

Für den Hersteller — Für den Abnehmer

. . . .

Datum: . . . .

3. Ergebnisse

der an jedem .... eines Monats vorzunehmenden Prüfung der Maschine.

Monat	Tag	Zeit	Barometerstand	Lufttemperatur	Luftfeuchtigkeit	n	pm	Ni	Nn	η_m
Jan..										
Febr.										
März										
April										
Mai .										
Juni .										
Juli .										
Aug..										
Sept.										
Okt. .										
Nov..										
Dez .										

Monat	Verbrauch an		η_t	η_w	Kühlwassertemperatur		Kühlwasserverbrauch für 1 PSn-st
	Brennstoff für 1 PSn-st	Öl für 1 PSn-st			Einlauf	Auslauf	
Jan. .							
Febr..							
März .							
April.							
Mai ..							
Juni .							
Juli ..							
Aug. .							
Sept. .							
Okt. .							
Nov. .							
Dez. .							

Monat	Kühlwasserwärme in v. H. der gesamten entwickelten Wärme	Temperatur der Gase	Heizwert des Brennstoffes	geprüft von:
Januar				
Februar ...				
März				
April				
Mai				
Juni				
Juli				
August				
September .				
Oktober ...				
November..				
Dezember..				

Aufgenommene Diagramme:

4. Tägliche Betriebszeiten.

Lfd. Nr.	Datum			Brennstoffverbrauch in kg	Ölverbrauch in kg	Betriebszeit je lfd. Nr.	Insgesamte Betriebsstundenzahl	Bemerkungen
	Tag	Mon.	Jahr					

5. Grundüberholung.

(Auseinandernehmen und Untersuchen sämtlicher Maschinenteile, insbesondere Absperrteile und Kurbellager nachsehen.)

Lfd. Nr.	Datum			Betriebszeit seit der letzten Überholung	Befund der Untersuchung und vorgenommene Arbeiten	Ausgeführt durch:
	Tag	Mon.	Jahr			

FSC
www.fsc.org
MIX
Papier | Fördert gute Waldnutzung
FSC® C083411

Zeitfracht Medien GmbH
Ferdinand-Jühlke-Straße 7
99095 Erfurt, Deutschland
produktsicherheit@kolibri360.de